Umstehend das Bildnis von Planck

MATHEMATISCH-PHYSIKALISCHE BIBLIOTHEK

HERAUSGEGEBEN VON W. LIETZMANN UND A. WITTING

45

ATOM- UND QUANTENTHEORIE

II. QUANTENTHEORIE

VON

PROF. DR. P. KIRCHBERGER

MIT 11 FIGUREN IM TEXT

1923

Springer Fachmedien Wiesbaden GmbH

ISBN 978-3-663-15654-3 ISBN 978-3-663-16230-8 (eBook)
DOI 10.1007/978-3-663-16230-8

Ursprünglich erschienen bei B.G. Teubner in Leipzing 1923.

VORWORT

Form und Inhalt des vorliegenden Bändchens bestimmen sich dadurch, daß es einmal eine in sich abgerundete und verständliche Darstellung seines Gegenstandes sein will, andererseits den zweiten Teil der durch den Obertitel gekennzeichneten Sammelschrift darstellt. Aus dem letzteren Grunde habe ich geglaubt, von den zahlreichen Anwendungen der Quantentheorie vornehmlich diejenigen behandeln zu sollen, die auf das Atommodell Bezug haben. Dies empfahl sich auch schon deshalb, weil die hier vorliegenden Erfolge der Quantentheorie ganz besonders durchschlagend und für ihren Wert überzeugend sind. Was die Darstellung der Quantentheorie selbst anlangt, so bin ich dem Plan des Werkchens folgend auch auf ihre historische Entwicklung eingegangen und habe insbesondere die experimentelle Begründung der Theorie betonen zu sollen geglaubt, was mir umsomehr geboten schien, als hierüber, so weit ich sehe, leicht zugängliche Schriften überhaupt nicht existieren. Vorliegende Arbeit beruht daher unmittelbar auf den Originalwerken, namentlich denen von Lummer und Pringsheim und von Rubens. Für manche darüber hinausgehende mündliche Auskunft bin ich Herrn Prof. v. Laue sowie Herrn Dr. phil. Czerny zu lebhaftem Dank verpflichtet. In bezug auf diese experimentelle Seite unseres Gegenstandes geht vorliegende Schrift auch ganz erheblich über meine „Entwicklung der Atomtheorie“[1]) hinaus, auf die ich, in bezug auf die übrigen Teile, insbesondere das Bohrsche Atommodell, diesen Gipfel

1) Die Entwicklung der Atomtheorie, gemeinverständlich dargestellt, 260 und X Seiten, 26 Abbildungen und 9 Bildnistafeln, C. F. Müller'sche Hofbuchhandlung, Karlsruhe.

moderner Atomtheorie, der hier nur kurz behandelt werden konnte, den dafür interessierten Leser verweisen möchte.

Mathematische Entwicklungen habe ich möglichst vermieden. Einige, an denen ich im Interesse tieferen Verständnisses nicht glaubte vorübergehen zu sollen, wird der hierfür nicht zugängliche Leser ohne allzugroßen Schaden überschlagen können.

Berlin-Nikolassee, Januar 1923.

Paul Kirchberger.

INHALTSVERZEICHNIS

1. EINLEITENDES ZUM STRAHLUNGSPROBLEM

Drei große Probleme beherrschen die Physik der Gegenwart: Relativitätstheorie, Atomtheorie, Quantentheorie. Von diesen dreien ist die letztere ohne Zweifel das Stiefkind im öffentlichen Interesse. Der Unzahl populärer Schriften, die sich mit einer leicht faßlichen Darstellung der Relativitäts- und auch der Atomtheorie beschäftigen, steht nur eine spärliche Anzahl solcher über die Quantentheorie gegenüber. In der Tat kann diese auch nicht beanspruchen, die Frucht eines einzigen kühnen, konsequent durchgedachten philosophischen Gedankens zu sein wie die Relativitätstheorie, auch nicht die durch gemeinsame Arbeit vieler Generationen ermöglichte endliche Erfüllung eines jahrhundertealten wissenschaftlichen Traumes wie die Atomtheorie. Aber dafür kann die Quantentheorie einen andern nicht minder wichtigen Gesichtspunkt für sich anführen: Sie ist der Triumph der mit unbeirrbarer Gewissenhaftigkeit ausgeübten wissenschaftlichen Methode. Aus einem physikalischen Einzelproblem, das zuerst nicht wichtiger und folgenreicher schien als so viel andere seinesgleichen, ergaben sich Auffassungen und Gesichtspunkte, deren Bedeutung für die Weiterentwicklung der Physik auch im gegenwärtigen Augenblick noch keineswegs mit Sicherheit abzusehen ist, jedenfalls aber sehr groß sein wird.

Das Grundproblem der Quantentheorie ist das der Strahlung. Alles Leben nicht nur, sondern auch alle Kraftäußerung im gewöhnlichen Sinn ist geknüpft an das mehr oder weniger rätselhafte Prinzip, das wir „Materie" nennen. Sie erscheint deshalb dem Laien als der Inbegriff aller physikalischen Realitäten. Aber auch der von Materie freie Raum ist nicht aller physikalischen Eigenschaften bar. Er gestattet vielmehr den Durchgang der Energie in elektromagnetischer Form. Daß alle diese Strahlen, mag es sich nun um die viele Kilometer langen Wellen unserer drahtlosen Telegraphie oder um die nach Bruchteilen von Millionteln Millimetern zählenden Röntgenstrahlen handeln, in ihrem Wesen einander durchaus gleich sind, kann heutzutage als sicher gelten. Alle pflanzen sich mit der gleichen Geschwindigkeit von rund 300000 km in der Sekunde fort, alle sind transversal und demnach polarisierbar, alle Träger elektrischer und magnetischer Kräfte. Nun lehrt schon der Augenschein, daß alle Art Strahlung im höchsten Maße von der Temperatur des strahlenden Körpers abhängig ist. Bei gewöhnlicher Temperatur reflektieren die meisten Körper wohl das auf sie fallende Licht, und zwar meist selektiv, d. h. verschieden stark für die verschiedenen Farben, aber eine davon unabhängige Strahlung bleibt unmerklich; sie tritt erst bei höherer Temperatur auf. Denn jeder weiß, daß bei einigen hundert Grad Körper auch im Dunkeln zu leuchten beginnen, also sichtbare Strahlen aussenden. Es entsteht somit die Frage, die in ihrer weiteren Behandlung schließlich zur Quantentheorie führt: *Wie hängt die Strahlung nach Intensität und Wellenlänge von der Temperatur des strahlenden Körpers ab?*

Als Vater dieses Problems ist Gustav Kirchhoff zu betrachten. Die von ihm zusammen mit Robert Bunsen ausgearbeitete *Spektralanalyse*, die aufs engste mit unserm Problem zusammenhängt, ist ja eine der berühmtesten Leistungen des 19. Jahrhunderts auf dem Gebiete der Naturwissenschaften. Allerdings konnte es zunächst scheinen, als ob gerade die Spektralanalyse eine gewisse Negation unseres Problems darstelle. Ihr Ergebnis war ja bekanntlich, daß die Wellenlänge des von glühenden Gasen ausgesandten Lichtes, also die sogenannten Emissionsspektren, wohl von der chemischen Natur des betreffenden Gases, dagegen keineswegs von seiner Temperatur abhängig sei. Dasselbe gilt auch von den Absorptionsspektren, d. h. den von einem glühenden Gas in einem helleren Spektrum ausgelöschten dunkeln Linien, die ja mit den Emissionslinien ihrer Lage nach identisch sind und ebenso wie diese „Fraunhofersche Linien" genannt werden. Zwar ist, wie die neuere Forschung gezeigt hat, die Unabhängigkeit der Lage dieser Linien von der Temperatur nicht absolut, unter andern physikalischen Bedingungen kann ein Element auch andere Linien zeigen, aber nur in dem Sinne, daß Linien verschwinden oder auftauchen können, nicht aber in der Weise, daß eine Linie sich allmählich verschieben, in eine andere übergehen könnte. In der Hauptsache bleibt also die Unabhängigkeit dieser Linien von der Temperatur bestehen.

Kirchhoff beschränkte seine Betrachtungen nicht auf diese einzelnen Linien, die offenbar bestimmten Eigenschwingungen der Körper entsprechen, ähnlich wie auf akustischem Gebiet bei den Tönen der Klaviersaiten, der Orgelpfeifen usw., sondern er betrachtete die Strahlung überhaupt. Hier zeigte sich im Gegensatz zu den Fraunhoferschen Linien ganz offenbar eine stetige Abhängigkeit von der Temperatur. Jeder weiß, daß bei gewöhnlicher Temperatur die Eigenstrahlung aller Körper fast unmerklich bleibt, bei etwa 500° beginnt Rotglut, zunächst noch dunkel, die dann bei weiter gesteigerter Temperatur durch Hinzutritt der gelben, grünen, blauen, violetten Strahlen allmählich heller wird, während zugleich die Farbe vom Rötlichen über das Gelbliche in einen weißen und fast bläulich-weißen Ton übergeht. Es entsteht also die Frage: *Wie hängt die Strahlung nach Farbe und Intensität von der Natur des Körpers und von seiner Temperatur ab?* Zunächst die Vorfrage: Verhält sich jeder Körper in einer ihm eigentümlichen, von andern verschiedenen Weise, oder gelingt es, allgemeine für alle Körper gültige Gesetze aufzustellen? Kirchhoff zeigte, daß zwar im allgemeinen jeder Körper in anderer Weise strahle, daß aber das Verhältnis, in dem ein Körper auf ihn auffallende Strahlen absorbiert oder verschluckt und seinerseits Strahlen aussendet oder emittiert, nicht von der Natur des Körpers, sondern nur von Temperatur und Wellenlänge abhängt. Besonders einfach mußte das Verhalten solcher Körper werden, die alle auffallenden Strahlen absorbieren. Für sie handelt es sich, da ihre Absorption vollständig ist, überhaupt nur um die Emission. Während also im allgemeinen die Strahlung nicht nur von der Temperatur, sondern auch von der Natur des strahlenden Körpers abhängt, zeigte Kirchhoff doch, daß eine große Zahl von Körpern existiert, bei denen die Ausstrahlung in einheitlicher Weise erfolgt; es sind nämlich die Körper, die alle auf sie auftreffenden Strahlen absorbieren, d. h. verschlucken. Bei ihnen können die ausgesandten, emittierten Strahlen nicht reflektierte auffallende Strahlen sein, es ist vielmehr eine reine „Temperaturstrahlung“. Körper dieser Art, die keine auffallenden Strahlen reflektieren, nennt man „schwarz“. Wir können also den Kirchhoffschen Satz (vereinfacht, aber für unsere Zwecke genügend) so aussprechen: Die Strahlung schwarzer Körper, sog. *„schwarze Strahlung“, hängt nicht von ihren etwaigen individuellen Eigenschaften, sondern nur von Temperatur und Wellenlänge ab.*

Kirchhoffs Verdienste um die Strahlungslehre gehen aber noch erheblich weiter. Es entsteht nämlich die Frage, wie man einen wirklich „schwarzen Körper“ herstellen kann. Eine gleichmäßig berußte Fläche ist zwar nahezu, aber doch noch nicht vollkommen schwarz. Auch sie reflektiert einen, wenn auch nur geringen Bruchteil der auffallenden Strahlen. Hier ist es nun Kirchhoffs Verdienst, durch theoretische Überlegungen gezeigt zu haben, daß in einem von völlig *gleicher Temperatur* umgebenen *Hohlraum* eine vollkommen *„schwarze Strahlung“* herrscht. Ein solcher gleichmäßig temperierter Hohlraum ist also sozusagen das physikalische „Kohlpechrabenschwarz“.

An dieses Problem der Hohlraumstrahlung schließt sich nun die Weiterentwicklung des gesamten Strahlungsproblems an. Durch den Kirchhoffschen Satz war ja, was die „schwarze Strahlung“ oder „Hohlraumstrahlung“ anlangt, jeder individuelle Einfluß des betrachteten Körpers und seiner speziellen Natur ausgeschlossen. Es blieben nur drei Variable übrig, nämlich die Temperatur, die Wellenlänge und die Strahlungsintensität. Die Frage läßt sich also so aussprechen: *Wie groß ist die Intensität, mit der bei gegebener Temperatur ein Hohlraum oder ein schwarzer Körper Strahlen einer bestimmten Wellenlänge aussendet?* Oder mit andern Worten: Es wird eine Funktion zweier Variabeln gesucht, die die Abhängigkeit der Strahlungsintensität, also der Energie E, von Temperatur T und Wellenlänge λ darstellt. Dies also war das Problem, das jahrzehntelang die Physiker in Atem hielt, mehreren von ihnen Gelegenheit zu bedeutsamen Leistungen gab und endlich durch Max Planck seine anscheinend völlig befriedigende Lösung gefunden hat. Zum Zweck der graphischen Darstellung und überhaupt des anschaulichen Verständnisses dieses Problems empfiehlt es sich, eine Funktion nur einer Variabeln zu betrachten, indem man vorübergehend eine konstant setzt. Wie man sofort sieht, bieten sich hierzu zwei Wege; man untersucht entweder *Isothermen,* d. h. Kurven, die gleicher Temperatur entsprechen, fragt also: Wie hängt bei gegebener Temperatur die Strahlungsenergie von der Wellenlänge ab, oder man untersucht *Isochromaten,* also Kurven, die einer bestimmten Wellenlänge und demnach Farbe entsprechen, d. h. man fragt, wie hängt bei gegebener Wellenlänge, also gegebener Farbe (obwohl dieser Ausdruck nur für den ziemlich kleinen sichtbaren Teil des Spektrums üblich ist) die Energie von der Temperatur ab? Es liegt auf der Hand, daß die Isothermen Kurven mit einem Maximum sein werden; denn für jede Temperatur wird sich eine Wellenlänge angeben lassen, der relativ die größte Energie zukommt; hingegen werden die Isochromaten kein Maximum haben; denn welche Wellenlänge wir auch untersuchen, der Körper wird ihre Strahlen um so intensiver aussenden, je heißer er ist.

Das gekennzeichnete Problem ist unbeschadet der Einfachheit seiner Fragestellung recht schwierig, und nur in geduldiger, zäher Arbeit gelang es, ihm schrittweise näherzukommen. Der erste große Erfolg waren die Arbeiten der beiden Wiener Physiker Stefan (1879) und Boltzmann (1884), von denen der erstere experimentell und der zweite theoretisch auf Grund der Gesetze der Elektrodynamik und der Thermodynamik den Satz aussprach, daß die *gesamte Strahlung* eines schwarzen Körpers der *vierten Potenz* seiner *absoluten Temperatur proportional* sei. Bedeutet also E die gesamte Strahlungsenergie, T die absolute Temperatur und γ einen Proportionalitätsfaktor, so besagt das sog. Stefan-Boltzmannsche Gesetz:

$$E = \gamma T^4. \tag{1}$$

Es steht im Einklang mit dem gemeinhin bekannten außerordentlich schnellen Anwachsen der Strahlung bei höherer Temperatur.

Man sieht nun freilich sofort, daß dieser Satz das oben bezeichnete Problem noch nicht löst. Denn er bezieht sich ja nur auf die von einem Körper ausgesandte Gesamtstrahlung, deren Abhängigkeit von der Temperatur er wiedergibt. Er besagt aber noch nicht, wie sich die Strahlungsenergie innerhalb des Spektrums verteilt, auch nicht wie der Wert nicht der Gesamtstrahlung, sondern der einer herausgegriffenen Wellenlänge, also Farbe, sich mit der Temperatur ändert. Das Stefan-Boltzmannsche Gesetz ist vielmehr nur eine Art Integralgesetz, es enthält ein Integral über die gesamte Strahlung, nicht die Strahlungsenergie, die einer bestimmten Wellenlänge ausschließlich entspricht.

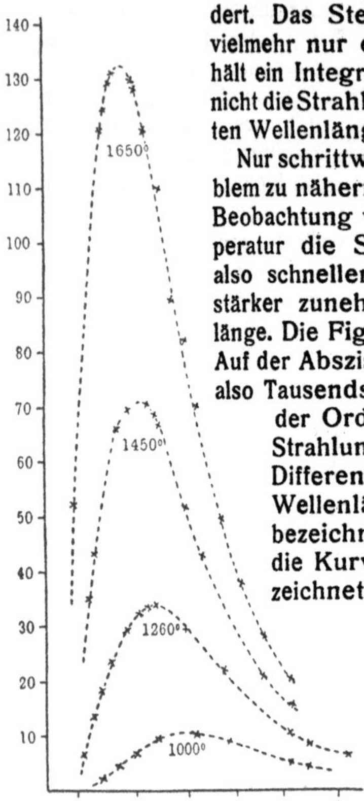

Fig. 1.

Nur schrittweise gelang es, sich diesem Problem zu nähern; eine sich sofort aufdrängende Beobachtung war die, daß mit höherer Temperatur die Strahlen kürzerer Wellenlänge, also schnellerer Schwingung, an Intensität stärker zunehmen als die größerer Wellenlänge. Die Fig. 1 gibt einen ersten Überblick. Auf der Abszisse sind die Wellenlängen in μ, also Tausendstel Millimeter aufgetragen, auf der Ordinate die ihnen entsprechende Strahlungsenergie, besser gesagt der Differentialquotient der Energie nach der Wellenlänge. Die durch kleine Kreuze bezeichneten Punkte sind beobachtet, die Kurven durch Interpolation ausgezeichnet. Dann erhält man für jede Temperatur eine Kurve, nämlich eine Isotherme. Die Zahlen der vier gezeichneten Isothermen beziehen sich auf absolute Temperatur, zählen also von -273^0 an. Die Kurven geben zunächst das bekannte Resultat wieder, daß für mäßige Temperaturen der bei weitem größte Teil der Strahlungsenergie dem Ultraroten angehört; denn das sichtbare Spektrum liegt ungefähr zwischen 0,4 und 0,8 μ; auf diese Wellenlängen entfällt selbst für die steilste der gezeichneten Kurven, die einer Temperatur von $1650 - 273 = 1377$ Grad entspricht, nur ein sehr geringer Teil der Strahlungsenergie. Das Stefan-Boltzmannsche Gesetz (1) verlangt hier, daß die Flächenstücke zwischen Kurve und Achse sich wie die vierten Potenzen der Temperaturen verhalten, also wie $1 : 1{,}26^4 : 1{,}45^4 : 1{,}65^4$, d. h. ungefähr wie 1 : 2,5 : 4,2 : 6,4. Ein Blick auf die Figur zeigt, daß sich das Gesetz schon aus dem Grunde nicht genau an ihr nachprüfen läßt, weil sie die Strahlungsenergie nur innerhalb bestimmter Wellenlängen, für die ihr Wert nicht gar zu klein ist, wiedergibt.

Allmählich gelang es, sowohl durch experimentelle, als auch durch theoretische Forschung, der eben bezeichneten Aufgabe etwas näher zu kommen, sozusagen einige Außenwerke der Festung, die das Strahlungsproblem noch darstellte, einzunehmen. Hier war namentlich W. Wien erfolgreich. Ihm verdankt man das sog. *Wiensche Verschiebungsgesetz,* das wir später kennen lernen werden. Es stellte tatsächlich eine Formel über die Verteilung der Energie im Spektrum in ihrer Abhängigkeit von der Temperatur dar. Aus ihm läßt sich auf mathematischem Weg (durch Integration über die Wellenlänge) das Stefan-Boltzmannsche Gesetz (1) ableiten, außerdem lassen sich aus ihm noch zwei zur experimentellen Prüfung besonders geeignete Folgerungen ziehen, nämlich

1. *Die Wellenlänge, bei dem das Maximum an Strahlung stattfindet, ist der absoluten Temperatur proportional,* oder in Zeichen

$$\lambda_m \cdot T = A, \tag{2}$$

wo T die absolute Temperatur, λ_m diejenige Wellenlänge bedeutet, die das Maximum der Energie ausstrahlt. Unsere Figur gestattet naturgemäß nur eine rohe Nachprüfung dieses Gesetzes, diese aber bestätigt es, wie man sich leicht überzeugen kann, durchaus. Aus (2) folgt, daß, wenn beispielsweise für $T = 1000$, also 727° C, die Strahlung für eine Wellenlänge von $\lambda = 0{,}00031$ cm $= 3{,}1\ \mu$ am intensivsten ist, sie dann bei $T = 2000°$, d. h. 1727° C für $\lambda = 0{,}00015$ cm $= 1{,}5\ \mu$ ihr Maximum hat. Erst bei nochmaliger Verdoppelung der absoluten Temperatur, also für etwa 3737° C, d. h. einer Temperatur, die der Experimentierkunst vorläufig unerreichbar ist, rückt das Strahlungsmaximum in sichtbares Gebiet.

2. *Die Maximalenergie der Strahlung steigt,* indem sie nach (2) proportional der absoluten Temperatur in immer kurzwelligeres Gebiet rückt, selbst mit der *fünften Potenz*

der Temperatur an; während also beispielsweise bei einer Steigerung der Temperatur von 727° C auf 1727° C die Gesamtstrahlung nach (1) auf das 16fache anwächst, hat das inzwischen auf die halbe Wellenlänge gewanderte Maximum den 32fachen Wert. Allgemein also

$$E_m \cdot T^{-5} = B, \tag{3}$$

wo T die absolute Temperatur, E_m die Energie des Maximums und B eine Konstante bedeutet. Das Ansehen, dessen sich das Wiensche Strahlungsgesetz erfreute, lag z. T. darin begründet, daß es die experimentell gut bestätigten Folgerungen (1), (2) und (3) theoretisch abzuleiten gestattete.

2. EXPERIMENTELLES

Vor einer Skizzierung der Entwicklungsgeschichte der Strahlungstheorie wollen wir einige Gesichtspunkte besprechen, die bei der experimentellen Prüfung vor allem zu beachten sind.

a) Der „Schwarze Körper“. Die ersten, die den von Kirchhoff theoretisch abgeleiteten Hohlraum als schwarzen Körper benutzten, waren Lummer und Wien im Jahre 1895. Man verwendet seitdem gewöhnlich Hohlzylinder, die für höhere Temperaturen aus Ton, Schamotte oder einem ähnlichen wärmebeständigen Stoff, für niedere Temperaturen auch aus Kupfer oder dergl. bestehen können; sie werden meist geheizt, indem man elektrischen Starkstrom durch Widerstand bietenden Draht leitet, mitunter auch durch Bäder, also etwa durch schmelzenden Schwefel, schmelzenden Salpeter oder dgl. Stoffe, deren Schmelzpunkt genau bekannt ist, wodurch die sonst schwierige Temperaturbestimmung überflüssig wird.

b) Isothermen und Isochromaten. Man kann die Untersuchung entweder so führen, daß man die Temperatur konstant hält und die Strahlungsenergie untersucht, die verschiedenen Wellenlängen entspricht; oder aber man läßt die Wellenlänge (d. h. im sichtbaren Gebiet die Farbe) ungeändert und läßt nun den schwarzen Körper verschiedene Temperaturen durchlaufen. Im ersteren Fall spricht man von „Isothermen“, in letzterem von „Isochromaten“. Die älteren Untersuchungen bezogen sich meist auf Isothermen, die interessanter schienen, weil sie ein Maximum haben, während die Isochromaten mit steigender Temperatur immer höher ansteigen. Neuerdings werden jedoch aus Gründen experimenteller Technik die Isochromaten bevorzugt. Luft, insbesondere ihre Beimengungen von Wasserdampf und Kohlensäure, läßt nämlich nicht alle Wellenlängen gleich gut durch. (Vgl. Fig. 3; Fig. 1 ist korrigiert.) Wäre also unser Auge für diese im Ultraroten liegenden Strahlen empfindlich, so würden wir die Luft, je nach ihrem Gehalt an Wasserdampf und Kohlensäure, in verschiedenen Farben erblicken. Bei der Untersuchung der Isothermen ist dies nun, weil die Energie dieser Wellenlängen zu klein ausfällt, sehr störend. Bei Isochromaten fällt der Fehler außerhalb der absorbierten Wellenlängen überhaupt nicht ins Gewicht. Findet aber Absorption statt, so ist sie für die ganze Untersuchungsreihe proportional, verfälscht also schlimmstenfalls die erhaltene Zahlenreihe um einen Proportionalitätsfaktor, der ohnehin nicht den gleichen Grad der Sicherheit hat wie die relative Größe der erhaltenen Zahlen. Ähnlich wie mit dem Durchgang der Strahlungsenergie steht es auch mit der Aufnahme am Meßapparat. Bei aller Vorsicht ist eine verschiedene Empfindlichkeit für die verschiedenen Wellenlängen nicht immer ganz zu vermeiden. Schließlich bieten Isochromaten den Isothermen gegenüber auch noch den Vorzug größerer Bequemlichkeit. Man kann nämlich während der ganzen Untersuchungsreihe die Anordnung völlig unverändert stehen lassen und braucht nur die Temperatur des schwarzen Körpers zu ändern, während man bei Isothermen natürlich irgendwelche Verschiebung vornehmen muß, um einen andern Teil des Spektrums untersuchen zu können.

c) Prismenzerlegung und Reststrahlen. Die gesamte vom schwarzen Körper ausgehende Strahlung muß nun natürlich spektral zerlegt werden. Dies kann in bekannter Weise durch Prismen geschehen. Freilich dürfen es keine Glasprismen sein, weil Glas für die ultraroten Strahlen, die hier in erster Linie in Betracht kommen, zu undurchsichtig ist. Davon, daß Glas sog. „Wärmestrahlen“ teilweise nicht durchläßt, kann man sich ja leicht überzeugen. Man benutzt vorwiegend Prismen aus Sylvin, Steinsalz oder Flußspat. Indessen wird neuerdings eine andere Methode vielfach bevorzugt, nämlich die der sog. Reststrahlen. Bekanntlich werfen viele Körper von allen auf sie auffallenden Strahlen nur die einer bestimmten Wellenlänge zurück. Auf dieser Erscheinung beruhen schließlich alle Farben der Körper. Kristalle zeigen häufig diese sog. „selektive Reflexion" in auffallend starker Weise. Nach einmaliger Reflexion wird freilich das Licht noch nicht genügend einfarbig sein; man muß sie also wiederholen. Nach drei- bis viermaliger Reflexion überwiegen die Strahlen der für den betreffenden Kristall charakteristischen Wellenlängen so stark, daß die nun ganz geringfügige Beifügung andersartiger Wellenlängen gegenüber den übrigen Fehlern gar nicht ins Gewicht fällt. Ja, der Energieverlust bei dieser Methode der Reststrahlen ist sogar erheblich geringer als der infolge der Zerstreuung eintretende bei der Prismenzerlegung. Selbstverständlich kann diese Reststrahlenmethode nur bei der Untersuchung nach Isochromaten angewandt werden. Auch wird der durch die Reststrahlen eines Kristalls ausgesonderte Spektralbezirk keineswegs dieselbe Breite haben wie der durch andere Reststrahlen erhaltene. Man kann also die auf diese Weise gemessenen Energiemengen einer Isochromate nur untereinander, d.h. für die verschiedenen Temperaturen, nicht aber mit den Energien einer durch andere Reststrahlen erhaltenen Isochromate vergleichen. — Flußspat liefert Reststrahlen von 22,3 μ, d. h. 0,0223 mm, Steinsalz solche von 51,8 μ. Die längsten bisher isolierten Strahlen haben eine Wellenlänge von etwa etwas über 300 μ, während das sichtbare Spektrum etwa zwischen 0,4 und 0,8 μ liegt.

d) Die Energiemessung. Es handelt sich jetzt um die Methode, nach der die Energie des auf die eine oder andere Art ausgesonderten Strahlenbündels gemessen werden soll. Zunächst muß die Strahlungsenergie in Wärme verwandelt werden; dies geschieht dadurch, daß sie auf einen schwarzen Körper, etwa einen berußten Metallstreifen, auffällt. Dessen durch die Strahlung verursachte Temperaturerhöhung kann auf zwei verschiedene Arten gemessen werden. Erstens nach dem sog. *Bolometer*prinzip, bei dem man den Umstand benutzt, daß der elektrische Widerstand der meisten Stoffe sich mit ihrer Temperatur ändert. Neuerdings wird meist das von Rubens eingeführte „*Mikroradiometer*" vorgezogen; es stellt ein Thermoelement dar. Eine Schlinge aus Drähten zweier geeigneter Metalle ist in einem starken

Magnetfeld aufgehängt. Die zu untersuchende Strahlung fällt auf die eine Lötstelle und löst durch ihre Erwärmung einen elektrischen Strom aus, der eine Drehung der beweglich aufgehängten Drahtschlinge im Magnetfeld zur Folge hat. Die Aufhängung der Drahtschlinge trägt in bekannter Weise einen kleinen Spiegel, der durch ein Fernrohr beobachtet wird, durch das er bei seiner Drehung die verschiedenen Teile einer Skala ins Auge des Beobachters gelangen läßt. Davon, daß die so erhaltenen Ausschläge der angezeigten Strahlungsenergie proportional sind, überzeugt man sich durch besondere Versuche, indem man z. B. die zu untersuchende Strahlung durch Blenden von bekannter Größe gehen läßt und die Wirkung auf die Größe der Ausschläge beobachtet.

Bei der Bewertung der Messungsresultate ist noch zweierlei zu beachten. Zunächst sind die beobachteten Ausschläge der zu messenden Strahlungsenergie nur proportional; der Proportionalitätsfaktor selbst bleibt unbestimmt und kann auch durch Versuche dieser Art nicht bestimmt werden. Er ergibt sich durch Messung der Gesamtstrahlung auf Grund des Stefan-Boltzmannschen Gesetzes. Hierbei muß die gesamte Energie der Strahlung in Wärme verwandelt und in dieser Form gemessen werden. Es ist demnach nötig, die absolute Größe der erzielten Temperaturerhöhung und die spezifische Wärme des erwärmten Körpers zu kennen. Bei den uns hier beschäftigenden Versuchen wird davon abgesehen.

Ferner ist zu bedenken, daß Strahlung bei jeder Temperatur stattfindet, auch bei der Zimmertemperatur, bei der natürlich kein Ausschlag des Mikroradiometers erfolgt. Das heißt, außer der eben erwähnten multiplikativen Konstante würde zunächst noch eine additive Konstante unbestimmt bleiben. Denn zu der gemessenen Energie ist noch diejenige hinzuzuzählen, die der Strahlung bei der den Nullpunkt bestimmenden Temperatur (Zimmertemperatur) entspricht. Erst beim absoluten Nullpunkt ist die Strahlung dem Stefan-Boltzmannschen Gesetz zufolge wirklich Null. Denkt man sich nun den schwarzen Körper bis zum absoluten Nullpunkt abgekühlt, so erfolgt die Strahlung und demnach auch der Ausschlag in umgekehrter Richtung. Den so erhaltenen Ausschlag muß man also zu dem gemessenen addieren, um die wahre, der betreffenden Temperatur entsprechende Energie zu erhalten. Nun kann man freilich den schwarzen Körper nicht bis auf den Nullpunkt abkühlen. Aber der Strahlungsunterschied zwischen der Temperatur der flüssigen Luft, mit der man den schwarzen Körper kühlen kann, und dem absoluten Nullpunkt ist nach dem Stefan-Boltzmannschen Gesetz so gering, daß er meist vernachlässigt werden kann. Eine etwa noch nötige, theoretisch zu berechnende Korrektion macht wegen ihrer Kleinheit keine besonderen Schwierigkeiten.

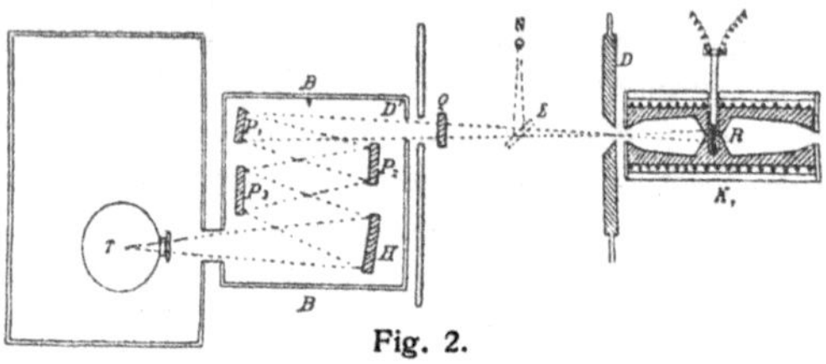

Fig. 2.

e) Nach diesen Vorbereitungen zeigt nun unsere Fig. 2 im Schema eine Versuchsanordnung, und zwar nach der neuesten und vollkommensten Arbeit, der von Rubens und Michel. K_1 bedeutet den schwarzen Körper. Er besteht im vorliegenden Fall aus einem zylindrischen Kupferblock, in dem sich symmetrisch zu beiden Seiten zwei völlig gleiche Bohrungen befinden. Die eine ist der wirksame Hohlraum, die andere dient nur zur Kontrolle, ob die von dem angedeuteten Thermometer gemessene Temperatur des Kupferblocks mit der Temperatur des Hohlraums übereinstimmt. Kupfer eignet sich für schwarze Körper hauptsächlich bei niederen Temperaturen, weil es infolge seiner guten Wärmeleitung einen guten Ausgleich der Temperatur bewirkt. Bei höheren Temperaturen sorgt die alsdann weit lebhaftere Strahlung auch bei schlechten Wärmeleitern für guten Ausgleich. Metalle sind hier natürlich wegen des Schmelzens ausgeschlossen. Wir sehen ferner die Wicklungen des Heizdrahtes und die Asbesthülle angedeutet, mit der der schwarze Körper gewöhnlich nach außen umgeben wird. Die austretende Strahlung durchsetzt nun den im Schirm D befindlichen Spalt. Sie kann durch eine Öffnung D' in den großen Kasten B eintreten. Als Abschlußklappe vor der Öffnung befindet sich die Quarzplatte Q. Quarz ist nämlich für die in dem Kasten *D* ausgewählte Strahlung undurchlässig, für andere Strahlen, wie z.B. auch für die sichtbaren, durchlässig. Befindet sich die Klappe vor der Öffnung, so darf keine Strahlung angezeigt werden, auch wenn der schwarze Körper noch so intensiv strahlt, und die Vollkommenheit, mit der dies geschieht, ist eine Probe dafür, daß wirklich nur die gewünschten Strahlungen zur Messung gelangen. In dem Kasten *D* werden die Strahlen an den Kristallplatten p_1, p_2, p_3 reflektiert, wodurch die Absonderung der „Reststrahlen" geschieht. Die Aufstellung der Platten geschieht so, daß die Reflexion zunächst mit gewöhnlichen Spiegeln ausprobiert wird, und dann die Kristallplatten in die auf diese Weise ausfindig gemachten Stellungen gebracht werden. Schließlich werden die Strahlen durch den Hohlspiegel *H* konzentriert. Dieser bestand bei den Versuchen mit Reststrahlen von Flußspat, bei dem eine dreimalige Reflexion genügt, aus versilbertem Glas; bei den Reststrahlen von Steinsalz, bei dem vier Reflexionen erforderlich sind, wurde eine Steinsalzplatte als Hohlspiegel geschliffen. Die vom Hohlspiegel konzentrierten Strahlen gelangen endlich auf das Thermoelement *T* des Mikroradiometers, durch das der Ausschlag erfolgt.

Um zu kontrollieren, ob sich die Empfindlichkeit des Apparates nicht geändert hat, ist es möglich, ohne die Anordnung zu stören, eine seitliche Lichtquelle *N* aufzustellen und durch den Spiegel in den Apparat gelangen zu lassen. Diese Elemente sind punktiert gezeichnet, weil sie bei normalem Arbeiten des Apparates natürlich wegzudenken sind.

Die experimentellen Einzelheiten in dem Fall, daß die selektive Reflexion durch die Brechung durch ein Prisma ersetzt ist, übergehen wir.

Die Empfindlichkeit des Apparates ist außerordentlich. Der Experimentator wird daher nur aus einer gewissen Entfernung beobachten; Versuche zur Nachtzeit sind vorzuziehen.

3. ENTWICKLUNG DER STRAHLUNGSTHEORIE

Das mehrfach erwähnte Wiensche Strahlungsgesetz lautet:

$$E_\lambda = C\lambda^{-5} \cdot e^{-\frac{\bar{c}}{\lambda T}}, \tag{4}$$

wo λ die Wellenlänge, T die absolute Temperatur und E_λ die bei der Temperatur T auf die Wellenlänge λ entfallende

Strahlungsenergie bedeutet. Natürlich kann, da wir uns die Strahlung stetig in der Wellenlänge vorstellen, eine endliche Energie nur auf einen Wellenbereich von endlicher Breite entfallen. E_λ ist also der Dimension nach keine Energie, sondern der Differentialquotient der Energie nach der Wellenlänge

$$E_\lambda = \frac{dE}{d\lambda},$$

wobei man das Vorzeichen von E_λ gewöhnlich ohne Rücksicht auf die rechte Seite positiv nimmt. Will man also Energiemessungen, die nach Art des vorigen Abschnittes vorgenommen sind, nicht bloß mit Unbestimmtlassung eines Proportionalitätsfaktors, sondern zur absoluten Bestimmung von E_λ und demnach zur restlosen Prüfung der Wienschen Formel (4) benützen, so muß natürlich die Breite des Spektralbezirks, dem die gemessene Energie entstammt, bekannt sein, und man muß durch sie dividieren. C und $\bar{c}$ bedeuten in (4) Konstante, wobei wir den Strich über c hinzugefügt haben, weil eine Verwechslung mit der Lichtgeschwindigkeit c, wie wir sehen werden, jetzt nicht mehr wie zur Zeit der Aufstellung der Formel außer dem Bereich der Möglichkeit liegt.

Wie schon bemerkt, lassen sich nun (1), (2) und (3) aus (4) ableiten. Bezüglich (1) geben wir hier nur das Resultat an. Es ist

$$\int_0^\infty C\lambda^{-5} e^{-\frac{\bar{c}}{\lambda T}} d\lambda = \gamma T^4.$$

Zur Ableitung von (2) aus (4) haben wir zur Auffindung der Maximalenergie den Differentialquotient von E_λ nach λ gleich 0 zu setzen und dürfen die dadurch festgelegte Wellenlänge λ mit λ_m bezeichnen. Wir erhalten

$$\frac{dE_\lambda}{d\lambda} = -5C\lambda^{-6} e^{-\frac{\bar{c}}{\lambda T}} + C\lambda^{-5} e^{-\frac{\bar{c}}{\lambda T}} \cdot \frac{c}{\lambda^2 T};$$

$$-5C\lambda_m^{-6} e^{-\frac{\bar{c}}{\lambda_m T}} + C\lambda_m^{-5} e^{-\frac{\bar{c}}{\lambda_m T}} \cdot \frac{\bar{c}}{\lambda_m^2 \cdot T} = 0.$$

$$5\lambda_m^{-6} = \lambda_m^{-7} \cdot T^{-1} \cdot \bar{c}.$$

$$\lambda_m \cdot T = \frac{\bar{c}}{5}, \qquad (2')$$

was durch $\frac{\bar{c}}{5} = A$ oder $A = 5\bar{c}$ in (2) übergeht.

Für das Maximum von E_λ gilt natürlich (2'). Setzen wir demnach (2') in (4) ein, so erhalten wir

$$E_m = C\lambda_m^{-5} \cdot e^{-\frac{\overline{c}}{\frac{\overline{c}}{5}}} = C\lambda_m^{-5} e^{-5};$$

$$E_m \cdot \lambda_m^5 = C e^{-5}$$

oder unter Benutzung von (2')

$$E_m \cdot T^{-5} = C \cdot \left(\frac{5}{\overline{c}}\right)^5 \cdot e^{-5}, \qquad (3')$$

was wieder mit (3) S. 8 übereinstimmt.

Die Stellung des Wienschen Strahlungsgesetzes war also unzweifelhaft recht stark. War auch seine ursprüngliche Ableitung durch Wien nicht ganz streng, so wurde sie doch von Planck in anscheinend einwandfreier Weise und aus anerkannten allgemeineren Sätzen wiederholt, und außerdem enthielt es, wie gezeigt, in sich drei Sätze, die auch experimentell vorzüglich bestätigt waren. Immerhin konnte dies die Physiker nicht von der Notwendigkeit entbinden, auch außerhalb der Sonderfälle (1), (2) und (3) eine allgemeine Bestätigung durch die Erfahrung zu suchen.

Eine solche Aufgabe stellten sich Lummer und Pringsheim im Jahre 1899. Ihre mit außerordentlicher Sorgfalt angestellte Arbeit läßt zugleich die Fortschritte erkennen, die die experimentelle Technik in den inzwischen verflossenen 20 Jahren gemacht hat. Unsere Fig. 3 gibt die Hauptergebnisse der Arbeit wieder. Auf der horizontalen Achse sind die Wellenlängen, auf der vertikalen die zugehörigen Strahlungsenergien abgetragen. Die einzelnen Kurven geben verschiedene Isothermen wieder. Die mit ××× bezeichneten Punkte bedeuten unmittelbare Messungsresultate, sie sind durch eine gestrichelte Kurve verbunden. Die auf den ersten Blick auffallenden tiefen Minima rühren von den schon oben S. 9 besprochenen Absorptionen des Wasserdampfs und der Kohlensäure her. Da diese Energieverluste unsere Frage gar nicht berühren, so ist ihr Betrag rechnerisch ermittelt, die so gefundene Energie zu der beobachteten addiert und die Summe durch die stark ausgezogene Kurve wiedergegeben. Schließlich sind die durch ⊙⊙⊙ angedeuteten Punkte nach der Wienschen Formel (4) errechnet und durch eine dünn ausgezogene Kurve verbunden.

Ein Vergleich zeigt zunächst gute Übereinstimmung zwischen Theorie und Beobachtung in den Gipfelpunkten der

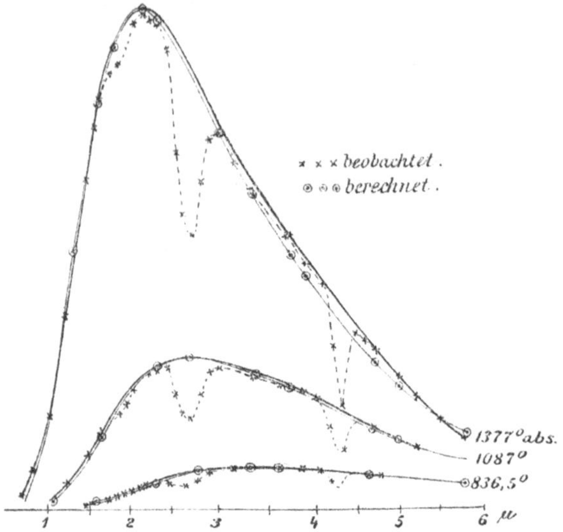

Fig. 3.

Kurven. Dies ist natürlich nur ein anderer Ausdruck für die Bestätigung des Wienschen Verschiebungsgesetzes (2), dessen Aussage ja eben die Höhe dieser Maxima festlegt. Andrerseits zeigen die Kurven auch Abweichungen, und zwar scheinen diese für wachsende Wellenlänge λ und zugleich wachsende Temperatur T anzuwachsen. Zwar nähern sich noch weiter nach rechts die Kurve der Beobachtung und der Rechnung wieder und scheinen z. B. für $T = 1377$ und $\lambda = 5{,}5\ \mu$ wieder zusammenzufallen; indessen sind die hier beobachteten Energiewerte zu gering und auch die sich so ergebenden scheinbaren Übereinstimmungen zwischen Beobachtung und Rechnung zu wenig zahlreich, als daß sie gegen die skizzierte allgemeine Tendenz der Kurven angeführt werden könnten, und diese schien, mindestens für große Wellenlängen und hohe Temperaturen, das Wiensche Strahlungsgesetz zu erschüttern. Die Frage wurde immer dringender, da Planck auch auf strengerem Wege als dem ursprünglich von Wien eingeschlagenen zu keiner anderen Formel gelangen konnte.

In einer zweiten Arbeit, die für die ganze Geschichte der Physik von der größten Bedeutung geworden ist, suchten Lummer und Pringsheim im Jahre 1900 die endgültige Entscheidung durch das Experiment in dem, wie wir sahen, besonders wichtigen Gebiet größerer Wellenlängen herbeizuführen. Die experimentellen Hilfsmittel waren im ganzen die nämlichen wie bei der ersten Arbeit. Von den heute üblichen unterscheiden sie sich durch Anwendung eines Bolometers statt eines Mikroradiometers; das Spektrum wurde durch ein Sylvinprisma gebildet, besonderer Wert war auch auf die Entfernung der durch ihre Absorption störenden Gase Wasserdampf und Kohlensäure gelegt worden. Schließlich wurden in dieser Arbeit Isochromaten, nicht wie in der ersten Isothermen beobachtet. Um die Resultate übersichtlich darstellen zu können, griffen Lummer und Pringsheim zu dem Mittel, die zu prüfende Formel

$$E_\lambda = C\lambda^{-5} e^{-\frac{c}{\lambda T}} \tag{4}$$

zu logarithmieren. Da es sich um Isochromaten handelt, ist für jede einzelne dieser Kurven λ konstant zu setzen, nur E_λ und T sind veränderlich. Danach erhalten wir

$$\log E_\lambda = \gamma_1 - \gamma_2 \cdot \frac{1}{T}, \tag{5}$$

wo γ_1 und γ_2 positive Konstante bedeuten. Diese Gleichung (5) bedeutet nach bekannten Sätzen der analytischen Geometrie, daß wir eine gerade Linie erhalten müssen, wenn wir die reziproke Temperatur als Abszisse, den Logarithmus der Energie als Ordinate wählen. Unsere Fig. 4, in der in dieser Weise verfahren ist, gibt die Beobachtungsresultate wieder. Als Abszissen sind die Beobachtungstemperaturen 287°, 373°, 628°, 645°, 673°, 899°, 1055°, 1193°, 1520°, 1638°, 1772°, im Abstande ihrer reziproken Werte, also der Zahlen 0,00348; 0,00268; 0,00159; 0,00155; 0,09149; 0,00111; 0,00095; 0,00084; 0,00066; 0,00061; 0,00056 abgetragen; von den gemessenen Energiewerten wurden die Logarithmen als Ordinaten aufgetragen, worauf sich obige Kurven ergeben. Sie ergeben keineswegs die von der Theorie geforderten geraden Linien und zeigen zugleich durch die Regelmäßigkeit ihres Verlaufes an, daß es sich nicht um bloße zufällige Beobach-

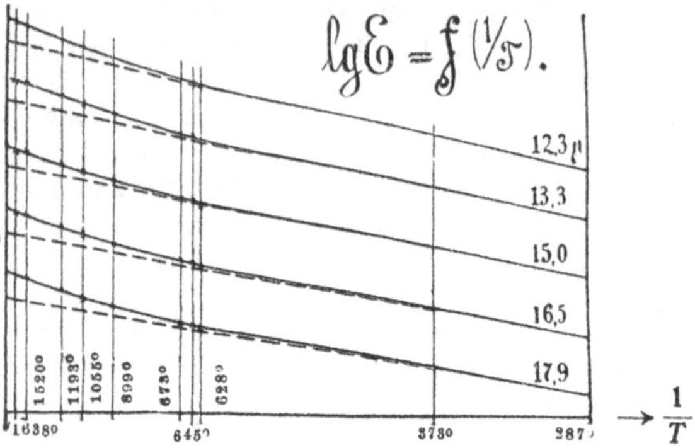

Fig. 4.

tungsfehler, sondern um eine systematische Abweichung handelt. Lummer und Pringsheim faßten das Ergebnis ihrer Untersuchung in die Worte zusammen:

„Es ist somit erwiesen, daß die Wien-Plancksche Spektralgleichung die von uns gemessene schwarze Strahlung für das Gebiet 12 μ *bis* 18 μ *nicht darstellt.“*

Ihre Versuche, selbst eine befriedigende Formel aufzustellen, übergehen wir, erwähnen hingegen, daß zu gleicher Zeit (1900) der berühmte englische Physiker Lord Rayleigh eine von allen bisherigen gänzlich verschiedene und ungemein einfache Strahlungsformel aufstellte; sie lautet:

$$E_\lambda = C' \cdot \lambda^{-4} \cdot T, \qquad (6)$$

wobei wir auf die Konstante C' vorläufig keinen Wert legen wollen. (Vgl. unten (6′) S. 29.) Auf den ersten Blick sieht man, daß die Formel nicht allgemein gelten kann. Denn aus ihr würde hervorgehen, daß für jede Temperatur die Strahlungsenergie mit abnehmender Wellenlänge ins Unbegrenzte wachsen würde und daß auch sogar die Gesamtstrahlungsenergie für jede Temperatur unendlich groß wäre, was physikalisch natürlich ganz unmögliche Resultate sind. Die Formel kann vielmehr nur für große Wellenlängen gelten, und hier allerdings hat sie sich recht gut bewährt. Nun hat gerade in den letzten Jahren unsere Kenntnis der langen, also ultraroten Wellen sehr zugenommen. Während noch vor wenig Jahren der Nachweis von Wellen von 60 μ Länge als großer Fortschritt galt, hat man jetzt bis über 300 μ gemessen, und namentlich hat hier Rubens mit der oben besprochenen Reststrahlmethode bahnbrechend gewirkt. Die Energie nimmt im langwelligen Bereich mit der vierten Potenz der Wellenlänge, also außerordentlich schnell ab.

Die Strahlungsformeln werden oft auch in Schwingungszahlen ν statt Wellenlängen λ geschrieben. Nach der Wellengrundgleichung ist

$$\lambda \cdot \nu = c,$$

wo λ die Wellenlänge, ν die Schwingungszahl, c die Lichtgeschwindigkeit bedeutet. Daraus folgt nach bekannten Sätzen der Differentialrechnung:

$$\frac{d\lambda}{d\nu} = -\frac{c}{\nu^2} = -\frac{1}{c} \cdot \lambda^2; \quad \frac{d\nu}{d\lambda} = -\frac{c}{\lambda^2} = -\frac{1}{c} \cdot \nu^2, \tag{7}$$

und hieraus folgt, wenn wir

$$E_\lambda = \pm \frac{dE}{d\lambda}; \quad E_\nu = \pm \frac{dE_\nu}{d\nu}$$

(mit stets positivem Vorzeichen) definieren, nach bekannten Sätzen der Differentialrechnung

$$E_\nu = C' \frac{\nu^2}{c^3} \cdot T. \tag{8}$$

Es fällt im ersten Augenblick auf, daß (6) die Wellenlänge in der vierten, (8) hingegen die Schwingungszahlen, die doch nur reziproke Wellenlängen sind, in der zweiten Potenz enthält. Der Grund liegt natürlich in den Gleichungen (7) oder anders ausgedrückt: Um die Gleichungen (6) oder (8) experimentell zu bestätigen, muß man die Energie in schmalen, aber gleich breiten Spektralbezirken messen. Aber Spektralbezirke, die, in Wellenlängen λ gemessen, gleich breit sind, sind es nicht in Schwingungszahlen ν (und umgekehrt). — Nach diesen Bemerkungen über die Rayleighsche Formel kehren wir zu den Folgen der Arbeit von Lummer und Pringsheim zurück.

4. DER GEDANKENGANG PLANCKS

Die Größe eines Forschers und insbesondere eines Naturforschers hängt nicht nur von seinem Intellekt, sondern auch von seinem Charakter ab. Ohne die stete Bereitschaft, umzulernen oder etwas Neues dazuzulernen, ohne offenherzige Unbefangenheit auch scheinbar unbequemen Tatsachen gegenüber, ohne unbestechliche Selbstkritik gibt es in der Naturwissenschaft keinen dauernden Fortschritt. Die Art und Weise, wie Max Planck die oben wiedergegebenen Resultate von Lummer und Pringsheim aufnahm, wird daher stets ein Ruhmesblatt dieses hervorragenden Forschers bedeuten. Trotz der starken Stellung des Wienschen Gesetzes im allgemeinen und aller Arbeit, die er selbst auf den Beweis seiner Richtigkeit verwandt hatte, suchte er nicht etwa mit allerlei kleinen Mittelchen, Zusatzgliedern u. dgl. die beobachteten Abweichungen zu erklären, sondern er fing mit einem kühnen und originellen Gedankengang die ganze Arbeit wieder von vorn an. Wir wollen nur die wesentlichsten Gedankengänge seines Ansatzes besprechen:

a) Alle Strahlung muß natürlich von Atomen ausgehen; denn im leeren, von Materie freien Raum kann Strahlung sich wohl fortpflanzen, aber nicht entstehen. Die Vorgänge im Atom, die die Strahlung veranlassen, sind aber vorerst noch unbekannt. Aber hier rief Planck den Kirchhoffschen Satz zu Hilfe, nach dem die sog. „schwarze“ Strahlung von der speziellen Natur des strahlenden Körpers unabhängig, also für die verschiedenartigsten Atome, sofern sie nur gleiche Temperatur haben, durchaus dieselbe ist. Planck schloß daraus, daß es erlaubt sein müsse, *künstliche Atome* von besonders einfachen Eigenschaften, die mathematisch leicht beherrscht werden können, in die Physik einzuführen. Er nannte sie *„Oszillatoren“*. Sie stehen in Energieaustausch mit der Strahlung, nehmen deren Energie auf, wodurch sich ihre eigene Schwingungsenergie vermehrt und geben diese umgekehrt als Strahlung wieder ab.

b) Ein ganz wesentlicher Gedanke Plancks ist die Einführung der *Wahrscheinlichkeitsrechnung*. Zwar ist jeder physikalische Vorgang an sich durch Naturgesetze durchaus bestimmt, bietet also keinen Raum für die Zuhilfenahme bloßer

Wahrscheinlichkeitsbetrachtungen. Aber die wirkliche Anwendung dieser Gesetze setzt die Kenntnis des Anfangszustandes voraus. Um beispielsweise voraussagen zu können, wie ein Körper fällt, muß ich seine Lage und seine Geschwindigkeit zum Anfangszeitpunkt kennen, sonst nützt mir alle Kenntnis des Fallgesetzes nichts. – Eine solche wirklich genaue Kenntnis der Anfangsbedingungen ist nun tatsächlich fast nie gegeben. Wir kennen meist nur gewisse Durchschnittswerte der in Betracht kommenden Elemente. Wenn wir etwa von Temperatur und Druck eines Gases sprechen, so sind dies auch nur solche Durchschnittswerte gewisser Molekularzustände. Ein wirklich herausgegriffenes Einzelmolekül kann sich ganz anders verhalten. Tatsächlich hat denn auch die kinetische Gastheorie seit Maxwell und Boltzmann diese Abweichungen vom Mittelwert längst berücksichtigt. – Nun liegt aber die Sache bei der Strahlung ganz ähnlich. Den wirklichen Anfangszustand jedes einzelnen Atoms oder Oszillators zu kennen zu der Zeit, da wir beginnen wollen, die Gleichungen unseres Naturgesetzes anzuwenden, ist natürlich ganz unmöglich. Aber da es sich um eine große Zahl von offenbar untereinander gleichberechtigten Elementen handelt, haben wir die Möglichkeit, Wahrscheinlichkeitsrechnung anzuwenden.

c) Wesentlich für die Anwendung der Wahrscheinlichkeitsrechnung ist es, daß man es mit einer endlichen Anzahl *diskreter Elemente* zu tun hat. Wir erinnern etwa an das beliebte Beispiel von Würfen mit einem Würfel. In der Molekulartheorie, insbesondere der kinetischen Gastheorie, lagen diese Elemente in den einzelnen Molekülen ohne weiteres vor. Hingegen war in der Strahlungstheorie die Möglichkeit für einen Ansatz der Wahrscheinlichkeitsrechnung nicht ohne weiteres gegeben. Denken wir z. B. an den durchstrahlten Raum, so hat er eine unendliche Zahl von Punkten, und bei jedem derselben können wir nach dem „Anfangszustand" fragen, etwa ob sich dort ein Wellenberg oder Wellental befand. Hier setzt nun das Entscheidende von Plancks Gedankengang ein. Er dachte sich die gesamte in den „Oszillatoren" steckende Energie, die ja ihrer Gesamtsumme nach als bekannt angenommen werden konnte, *in lauter kleine Energiepartikel, sog. „Quanten", zerteilt.* Diese Quanten sollten eine endliche Größe haben, und alle Quanten derselben Schwingungszahl sollten untereinander gleich sein. Während man sich bis dahin alle Energieänderungen stetig vorgestellt hatte, stellte sie sich Planck diskret vor. Wenn einer seiner „Oszillatoren" seine Energie änderte, also Strahlungsenergie aufnahm oder abgab, so sollte dies nur in ganzen Quanten geschehen. Über die Größe dieser Quanten wollen wir vorerst noch nichts sagen. — Diese Energiequanten dachte sich Planck auf sämtliche Oszillatoren nach dem Gesetz größter Wahrscheinlichkeit verteilt. Darüber, wie man sich eine solche Verteilung vorzustellen hat, hatte schon Maxwell ein Gesetz aufgestellt und es auf die Molekulartheorie angewandt. Stellen wir uns vor, es seien etwa 64 Millionen Weizenkörner auf die 64 Felder des Schachbretts zu verteilen. Es ist sicher sehr unwahrscheinlich, daß auf jedem Feld genau eine Million liegt. Die große Mehrzahl der Felder wird allerdings eine Anzahl der Körner auf sich vereinigen, die sich nicht sehr weit von diesem Mittelwerte entfernt. Aber eine wenn auch nur sehr geringe Anzahl Felder wird vielleicht zwei, drei Millionen haben, dafür andere sehr viel weniger, als dem Durchschnittswert entspricht. Die Verteilung ist nicht etwa symmetrisch zu diesem Durchschnittswert. Denn es kann kein Feld weniger als 0 Körner besitzen, dagegen sehr wohl mehr als zwei Millionen, wenn auch die Anzahl der Felder, für die das zutrifft, nicht groß sein wird. Hierüber also fand Planck eine längst ausgearbeitete Theorie vor, und sie wandte er auf seine Oszillatoren und die in Quanten endlicher Größe zerteilte Energie an. Hierin vor allem war das Charakteristische seines Ansatzes zu sehen.

d) Über die Größe der Quanten war eben nichts gesagt, als daß diejenigen gleicher Schwingungszahl gleich sein sollen. Es ergibt sich nun verhältnismäßig einfach, daß das Wiensche Verschiebungsgesetz (2) nur dann Geltung haben kann, wenn wir annehmen, daß die *Quanten der Schwingungszahl* ν *proportional* seien, das heißt also, daß eine schnell schwingende Strahlung große, langsam schwingende kleine Quanten besitzt. Ein innerer Grund hierfür, wie überhaupt für die ganze Annahme von der nur unstetigen Änderung der Strahlungsenergie läßt sich freilich zunächst nicht angeben. Es handelte sich nur darum, eine Formel zu finden, die die Tatsachen möglichst gut wiedergibt. Wir setzen also

$$\epsilon_\nu = \nu \cdot h. \tag{8}$$

Hierbei bedeutet ν die Schwingungszahl, die ja für sichtbares Licht nach Hunderten von Billionen in der Sekunde zählt, ϵ_ν bedeutet das dieser Schwingung entsprechende Energiequantum und h ist zunächst ein Proportionalitätsfaktor. Daß h einen nur ganz außerordentlich kleinen Wert darstellt, ist sofort zu sehen. Das Quantum ϵ_ν darf natürlich, da ja diese Größe von einem Atom nur ungeteilt aufgenommen oder abgegeben werden kann, nur sehr klein gedacht werden. Aber da nach (8)

$$h = \epsilon_\nu \cdot \frac{1}{\nu} \quad \text{oder} \quad h = \epsilon_\nu \cdot \tau_\nu, \tag{8'}$$

wo unter τ_ν die zu einer Schwingung erforderliche Zeit verstanden ist, so wird also diese kleine Größe ϵ_ν mit der weiteren kleinen Größe $\frac{1}{\nu}$ oder τ_ν multipliziert. Tatsächlich ist denn auch, wie wir vorgreifend bemerken:

$$h = 6{,}55 \cdot 10^{-27} \text{ [erg. sec.]},$$

also eine ganz unfaßbar kleine Größe. Zu beachten ist nach (8') die Dimension dieser Größe h; sie ist gleich der einer Energie mal Zeit. h heißt das „Plancksche Wirkungsquantum“. Will man es sich anschaulich verdeutlichen, so kann man sagen: Es ist die Energiepartikel einer Schwingung, die so langsam erfolgt, daß auf die Zeiteinheit nur eine einzige Schwingung kommt (während bei sichtbarem Licht Hunderte von Billionen erfolgen). Lehrreich ist es auch, sich nach (8) die höchstmögliche Größe eines Quantums auszurechnen. Sie erfolgt natürlich für die größten Zahlen ν, also die schnellsten Schwingungen und entsprechend kleinsten Wellenlängen, die den Röntgenstrahlen und γ-Strahlen radioaktiver Substanzen zukommen. Nehmen wir als kürzeste und schnellste Röntgenschwingung etwa die einer Wellenlänge von 10^{-9} cm, so führt sie etwa $\nu = 3 \cdot 10^{19}$, also 30 Trillionen Schwingungen in der Sekunde aus. Hier wird also das Energiequantum $\epsilon = 6{,}55 \cdot 10^{-27} \cdot 3 \cdot 10^{19}$, also rund $20 \cdot 10^{-8}$ Erg. Ein Erg können wir ungefähr der Arbeit gleichsetzen, die man leisten muß, um 1 Milligramm einen Zentimeter hochzuheben. Von dieser Arbeit haben wir hier den fünfmillionten Teil. Man kann ihn sich etwa so verdeutlichen: Ein Quadratmillimeter gewöhnlichen Papiers wiegt etwa 0,1 mg. Ein Quadrat von 0,1 mm Seitenlänge, also die Fläche, die ein ganz kleines Pünktchen beansprucht, 0,001 mg. Da Papier auch ungefähr 0,1 mm dick ist, kann man auch von einem Würfel sprechen. Denken wir ihn uns in 1000 kleine Stäubchen zerrieben, so wiegt eins von ihnen 1 Milliontel Milligramm. Wenn wir es um 2 mm heben, so haben wir dabei eine Arbeit geleistet, die der Energie eines Quantums der kürzesten Röntgenstrahlen gleichkommt. Bei γ-Strahlen hat man auf Wellenlängen geschlossen, die noch 5 mal kleiner sind, ihr Energiequantum ist dementsprechend 5 mal größer, wir können zu seiner Veranschaulichung unsern kleinen Papierwürfel in 100 statt in 1000 Teile zerrieben denken und ein derartiges Stäubchen 1 mm hoch heben. Vermutlich kommen übrigens noch kurzwelligere γ-Strahlen vor (nach Lise Meitner, Laue-Heft der „Naturwissenschaften“ 1922 S. 383). Auf die Möglichkeit solcher Messungen und insbesondere der Bestimmung von h kommen wir noch zurück, betonen aber nochmals: das Charakteristische des Planckschen Ansatzes war die Annahme eines gewissen Atomismus der Strahlungsenergie. Für die Größe dieser Energiepartikel war das vorläufig als bloße Zahl in die Rechnung eingehende und mit h bezeichnete Wirkungsquantum maßgebend.

e) Man hat zutreffend Plancks Leistung als eine Art Synthese der Strahlungslehre und der Thermodynamik bezeichnet, welch letzterem Gebiet Plancks Arbeit bis dahin überwiegend gegolten hatte. Insbesondere benutzte er einen der wichtigsten thermodynamischen Sätze, der den Zusammenhang zwischen Energie, Entropie und Temperatur wiedergibt. Den Begriff der „Entropie“ können wir in diesem Zusammenhang nicht ausführlich erläutern und bemerken nur: Nach dem sog. „zweiten Hauptsatz der Wärmetheorie“ gibt es in der Natur kein Zurück. Alle sich in der Wirklichkeit abspielenden Vorgänge sind „nicht umkehrbar“. Um dies mathematisch auszudrücken, hat man die Größe der *Entropie* eingeführt, die bei jedem Naturvorgang ständig wächst, ebenso wie die Energie eine Größe ist, die sich bei allen Naturvorgängen gleich bleibt. Der größere oder geringere Betrag, um den die Entropie wächst, gibt sozusagen das Maß für die größere oder geringere Nichtumkehrbarkeit eines Vorgangs an. Ein Beispiel: Lasse ich einen elastischen Ball auf die Erde fallen, so springt er unter günstigen Umständen bis beinahe zur vorigen Höhe empor; aber doch nicht völlig, und deshalb ist der Vorgang nicht völlig umkehrbar; etwas Energie hat sich bei ihm in Form von Wärme zerstreut, die nicht wieder eingefangen werden kann. Nun ein anderes Beispiel: Ich habe eine Flasche voll Knallgas, ich bringe sie zur Explosion, unter heftigem Knall geht die Vereinigung zu Wasser vor sich; auch dieser Vorgang ist nicht umkehrbar, und es ist verständlich, daß dies sogar in weit höherem Maß der Fall sein wird als beim ersten Beispiel. Die Thermodynamik drückt dies so aus, daß sie sagt, die Entropie ist im zweiten Fall stärker gewachsen als im ersten. Es wird hieraus ersichtlich, daß die Entropiezunahme im allgemeinen bei größerer Energieumsetzung größer sein wird. Freilich hängt die Entropie nicht nur von der Energie ab, sondern daneben auch von der Temperatur. Je niedriger die Temperatur ist, bei der eine Energieumsetzung vor sich geht, um so größer die Entropieänderung. Der erwähnte Satz der Thermodynamik lautet:

$$\frac{dS}{dE} = \frac{1}{T} \quad \text{oder} \quad S = \int \frac{1}{T} \cdot dE, \tag{9}$$

wo S die Entropie, E die Energie bedeutet.

Wir sehen aus ihm, daß Energie und Entropie sich stets im selben Sinn ändern und daß die vom zweiten Wärmesatz behauptete stete Zunahme der Entropie sich so erklärt, daß einer etwaigen Energieabnahme an irgendeinem Punkt eine Energiezunahme bei tieferer Temperatur an einem andern Punkt entsprechen muß, so daß den entgegengesetzt gleichen Energieänderungen (ihre absolute Gleichheit verlangt der Energiesatz) entgegengesetzte aber ungleiche Entropieänderungen, und zwar stets im Sinne des Wachsens dieser Größe entsprechen. Diese Andeutungen über die der Thermodynamik entnommenen Gedanken mögen genügen.

f) Das außerordentliche Verdienst des großen österreichischen Physikers Ludwig Boltzmann war es gewesen, die eben skizzierten Gedankengänge der Thermodynamik auf die Wahrscheinlichkeit und die Molekulartheorie begründet zu haben. Er stellte sich vor, daß jeder Naturvorgang einen Übergang von unwahrscheinlicheren zu wahrscheinlicheren Zuständen sei. — Ist ein Gas in einer Ecke heiß und in einer andern kalt, so heißt dies, daß sich die Molekeln in einer Ecke schneller bewegen als in einer andern; dies ist von vornherein unwahrscheinlicher, als daß eine gleichmäßigere Vermischung stattfindet. Demgemäß wird der „unwahrscheinlichere" Zustand einer verschiedenartigen Temperatur allmählich in den „wahrscheinlicheren" einer ausgeglichenen übergehen. Daß dies geschieht, verlangt der zweite Hauptsatz der Wärmetheorie, und es gelang Boltzmann, diesen in allen Fällen auf sein *Wahrscheinlichkeitsprinzip zurückzuführen.* Die Zunahme des thermodynamischen Begriffes der Entropie war bei ihm gegeben durch das Wachstum der molekulartheoretisch feststellbaren Wahrscheinlichkeit.

Damit war Boltzmann ohne Frage seiner Zeit weit vorausgeeilt. Denn damals galt die Thermodynamik als sicherste Errungenschaft der Wissenschaft, Atom- und Molekulartheorie hingegen mehr oder weniger als „Hypothese". Auf diesem Standpunkt standen nicht etwa nur Philosophen wie namentlich Ernst Mach, sondern auch Physiker wie beispielsweise Planck, ganz zu schweigen von grundsätzlichen Gegnern der Atomtheorie wie etwa Ostwald. Boltzmann hat an der vollen Realität der Atome (bzw. Moleküle) nie gezweifelt, und so kam er dazu, die *Thermodynamik auf die Atomistik zurückzuführen, obwohl damals das Gegenteil näher gelegen hätte.*

Der berühmte Boltzmannsche Satz lautet:

$$S = k \cdot \log W, \tag{10}$$

wobei S die thermodynamisch definierte Entropie, W die molekulartheoretisch definierte Wahrscheinlichkeit und k einen Proportionalitätsfaktor bedeutet. Mit diesem letzteren wollen wir uns nun beschäftigen. Die linke Seite unserer Gleichung (10), die Entropie, ist von jeder Atomtheorie unabhängig. Die Wahrscheinlichkeit W auf der rechten Seite hingegen hat die Atomistik zur Voraussetzung. Der Zahlenwert von W wird auch für den gleichen Zustand eines physikalischen Systems verschieden ausfallen, je nachdem wir die Anzahl der Atome größer oder kleiner annehmen; denn er wird ausschließlich mit Hilfe dieser Zahl berechnet. Für diese Anzahl aber ist die sog. „Loschmidtsche Zahl", die Anzahl der Wasserstoffatome, die auf ein Gramm gehen (Näheres vgl. unsern Band Atomtheorie), maßgebend. *Danach ist klar, daß auch der Proportionalitätsfaktor k irgendwie mit atomistischen Größen zusammenhängen muß.* Und in der Tat ist diese Boltzmannsche Konstante

$$k = \frac{R}{L}, \tag{11}$$

wo R die Gaskonstante bedeutet, also die Anzahl Kubikzentimeter, die ein Mol eines idealen Gases, z. B. 32 g O, einnimmt. Da nun Planck die Gleichung (10) benutzt, so ist klar, daß er auch die atomistischen Konstanten k und folglich, da R eine empirisch bestimmbare, sozusagen triviale Größe darstellt, indirekt durch (11) auch die Loschmidtsche Zahl L in seine Strahlungsformel mit hineinbekam.

Dieser etwas zarte Punkt erscheint mir deswegen ganz besonders wichtig, weil sich hier zum erstenmal der *Zusammenhang zwischen Atomtheorie und Strahlungstheorie* und somit auch zwischen Atomtheorie und Quantentheorie offenbart. Will man sich die auf den ersten Augenblick erstaunliche Tatsache, daß Planck atomistische Größen in seine Strahlungsformel hineinbekam, nachträglich klarmachen, so muß man bedenken, daß die Formel ja nicht die Strahlung an sich, etwa im leeren Raum, wiedergibt, sondern ihre Wechselwirkung mit den Oszillatoren. Diese Oszillatoren sind aber nichts anderes als idealisierte Atome, und deren Eigenschaften müssen also von Einfluß auf die Natur der Strahlung sein. Welche von den Konstanten, die vornehmlich das Wesen der Atome charakterisieren, wie Masse der Atome bzw. Molekeln, oder ihre mittlere kinetische Energie oder ihre elektrische Ladung wir dabei bevorzugen wollen, spielt eine geringere Rolle, da alle diese Größen untereinander in verhältnismäßig einfacher Weise zusammenhängen. Ist eine von ihnen bekannt, so sind es auch die andern. Am einfachsten wird es sein, die Loschmidtsche Zahl als die Urkonstante anzusehen, aus der sich die andern soeben erwähnten von selbst oder nahezu von selbst ergeben.

Diese hier skizzierten sechs Punkte dürften die wesentlichen Fundamente bilden, von denen ausgehend Planck auf mathematischem Wege, dessen Wiedergabe uns hier versagt ist, weiter zu seiner Strahlungsformel gelangte.

5. DIE STRAHLUNGSFORMEL

Die berühmte Plancksche Strahlungsformel lautet:

$$\mathfrak{K}_\nu = \frac{h\nu^3}{c^2} \cdot \frac{1}{e^{\frac{h\nu}{kT}} - 1} \tag{12}$$

oder

$$\mathfrak{K}_\lambda = h \cdot c^2 \lambda^{-5} \cdot \frac{1}{e^{\frac{hc}{\lambda k T}} - 1} \cdot \tag{12'}$$

Hierin bedeutet:

$\mathfrak{K}_\nu$ die Strahlungsintensität für die Schwingungszahl ν; von der bisher gewählten Größe E_ν unterscheidet sich $\mathfrak{K}_\nu$ nur durch den Faktor 2π, da man bequemer nicht die gesamte ausgestrahlte Energie, sondern die auf ein passend gewähltes Oberflächenelement auftreffende betrachtet. Es bedeuten ferner

ν die Schwingungszahl,
λ die Wellenlänge,
c die Lichtgeschwindigkeit,
h die Plancksche Konstante,
k die Boltzmannsche Konstante nach (11),
T die absolute Temperatur.

Das Gesetz unterscheidet sich von den früheren schon dadurch, daß es keine willkürlichen Konstanten mehr enthält, alle in ihm vorkommenden Konstanten haben eine allgemeine physikalische Bedeutung. Der Ausdruck $\frac{hc}{k}$ wird gewöhnlich in $\bar{c}$ abgekürzt. (In der Literatur findet sich dafür häufig einfach c, was wir aber wegen der Verwechslungsmöglichkeit mit der Lichtgeschwindigkeit nicht mitmachen wollen.) Die Bestimmung von $\frac{hc}{k} = \bar{c}$ war der Gegenstand zahlreicher experimenteller Arbeiten; es ist etwa $\bar{c} = 1{,}43$ in abs. Einheiten. Wählt man μ statt cm zur Längeneinheit, so ist etwa $\bar{c} = 14\,300$. Man sieht nun, daß für kleine Werte von λT, d. h. wenn etwa der Wert des Exponenten $\frac{\bar{c}}{\lambda T}$ den Wert einiger Einheiten besitzt, im Nenner der Wert des Subtrahenden -1 gegenüber $e^{\frac{\bar{c}}{\lambda T}}$ nicht in Betracht kommt, es geht dann (12) über in

$$\mathfrak{K}_\lambda = h \cdot c^2 \cdot \lambda^{-5} \cdot e^{-\frac{\bar{c}}{\lambda T}},$$

was mit der Wienschen Formel (4) durchaus übereinstimmt. Andererseits wird klar, daß sich Abweichungen für große Wellenlängen λ und innerhalb dieser Wellenlängen für hohe Temperaturen T am meisten bemerkbar machen mußten. Für extrem große Werte von λT wird der Exponent $\frac{\bar{c}}{\lambda T}$ so klein, daß wir mit Vorteil in (12′) die Reihenentwicklung der Exponentialfunktion anwenden können, die bei ausschließlicher Beibehaltung des ersten Gliedes

$$\mathfrak{K}_\lambda = hc^2\lambda^{-5}\cdot\frac{1}{\frac{\bar{c}}{\lambda T}} = \frac{hc^2}{\bar{c}}\lambda^{-4}T \qquad (6')$$

in voller Übereinstimmung mit der Rayleighschen Formel (6) S. 18 ergibt. Schließlich stecken auch die beiden älteren Strahlungssätze, das Stefan-Boltzmannsche Gesetz (1) und der Wiensche Verschiebungssatz (2) (vgl. S. 5 u. 7), in unserer Formel. Den ersteren Satz erhält man, indem man die Plancksche Formel über alle Schwingungszahlen ν integriert. Es ist

$$E = \int_{\nu=0}^{\nu=\infty} \mathfrak{K}_\nu\, d\nu = \int_{\nu=0}^{\nu=\infty} \frac{h\nu^3}{c^2}\cdot\frac{1}{e^{\frac{h\nu}{kT}}-1}\, d\nu.$$

Als Wert des Integrals ergibt sich:

$$E = \frac{2\pi^4 k^4 T^4}{15\, c^2 h^3}.$$

Für die auf S. 5 in (1) Υ genannte Konstante haben wir

$$\Upsilon = \frac{2\pi^4 k^4}{15 c^2 h^3}. \qquad (13)$$

Um das Wiensche Verschiebungsgesetz zu bekommen, gehen wir von (12′) aus. Das Maximum der Strahlung tritt für denjenigen Wert λ_{max} von λ ein, für den $\frac{d\mathfrak{K}_\lambda}{d\lambda}$ verschwindet. Dies liefert, wenn wir abkürzungshalber

$$\frac{hc}{k\lambda T} = x$$

setzen, nach erfolgter Differentiation:

$$-\frac{5hc^2}{\lambda^6}\cdot\frac{1}{e^x-1}+\frac{hc^2}{\lambda^5}\cdot\frac{e^x\cdot\frac{x}{\lambda}}{(e^x-1)^2}=0,$$

$$\frac{e^x\cdot x}{e^x-1}=5.$$

Die Wurzel dieser transzendenten Gleichung ist, wovon man sich durch Einsetzen leicht überzeugen kann:

$$x=4{,}9651, \quad \text{d. h.} \quad \frac{hc}{k\cdot\lambda_{\max}\cdot T}=4{,}9651.$$

Schreiben wir dies Resultat in der Form des Wienschen Verschiebungsgesetzes, so erhalten wir nach Wiedereinführung der in (2) S. 7 A genannten Konstanten:

$$A=\lambda_{\max}\cdot T=\frac{hc}{k\cdot 4{,}9651}\cdot \qquad (14)$$

A und γ in (13) und (14) lagen zur Zeit der Aufstellung von Plancks Gesetz bereits empirisch bestimmt vor. Sie genügten zur Berechnung der beiden in der Formel vorkommenden unbekannten Größen h und k. Diese beiden letzteren sind natürlich für die Physik von ungleich größerer Bedeutung als die Hilfsgrößen A und γ. Denn h ist nun eine der wichtigsten Konstanten der Physik, und die Berechnung von k führte nach (11) S. 27 zur Berechnung der Loschmidtschen Zahl, und es gelang Planck, allein auf Strahlungsbeobachtung diese Größe bzw. das mit ihr zusammenhängende (vgl. S. 23 und 24 des vorangegangenen Bändchens) elektrische Elementarquantum zu berechnen. Er erhielt einen Wert, der von dem damals anerkannten zwar nicht unerheblich abwich, aber sich später als der richtigere erwiesen hat.

Strahlungsbeobachtungen nach Abschnitt 2, wie sie gewöhnlich zur Prüfung der Strahlungsformel verwandt werden, können, da sie noch einen Proportionalitätsfaktor unbestimmt lassen, nicht so viel liefern. Sie werden gewöhnlich nur zur Bestimmung von $\bar{c}=\frac{hc}{k}$ benutzt.

Schon der bisherige Erfolg der Planckschen Formel, sämtliche bekannten Strahlungsgesetze zu umfassen und zugleich die in ihnen enthaltenen Konstanten auf allgemeinere Konstanten zurückführen zu können, war bedeutsam genug. Das wichtigste aber war natürlich die

6. EXPERIMENTELLE BESTÄTIGUNG

Wir geben zunächst eine graphische Darstellung von Beobachtungsresultaten von Lummer und Pringsheim, die die außerordentliche Verbesserung der Planckschen gegenüber der Wienschen Formel, insbesondere für große Wellenlängen und hohe Temperaturen äußerst charakteristisch erkennen lassen. In Fig. 5 bedeuten die Kreuze die Beobachtungen, die stark ausgezogenen Linien den Energieverlauf nach der Planckschen, die gestrichelten den nach der Wienschen Formel. Ungleich wichtiger freilich als diese direkte Bestätigung waren die zahlreichen indirekten, die die Plancksche Theorie dadurch erhielt, daß die durch sie und nur durch sie eingeführte Größe h, das Plancksche Wirkungsquantum, eine immer größere Bedeutung auch für scheinbar fernab liegende Probleme erhielt. — Immerhin war natürlich auch die unmittelbare Bestätigung durch Strahlungsbeobachtungen wichtig genug. So war es bedeutsam, daß, als Nernst an der strengen Gültigkeit des Gesetzes Zweifel erhob, sich Rubens[1]) zu einer erneuten Prüfung entschloß, die anscheinend das Problem endgültig zugunsten der Planckschen Formel entschieden hat. Ihre Hilfsmittel, die wir im wesentlichen im zweiten Abschnitt beschrieben haben, waren vollkommener als die bisher benutzten. Die Untersuchung umfaßte das mittlere Wellengebiet, in dem weder die Wiensche Formel (4)

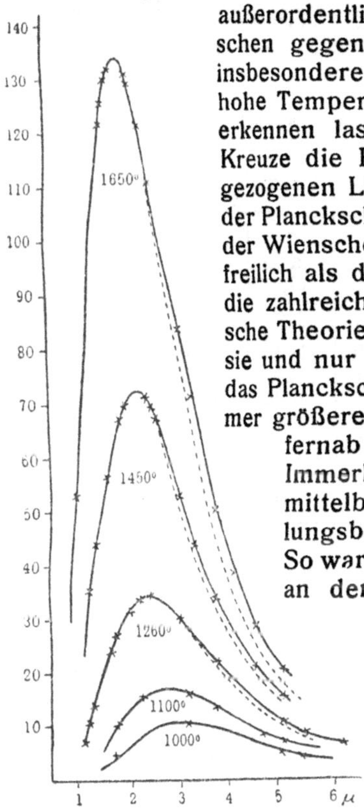

Fig. 5.

1) Während des Niederschreibens dieser Zeilen trifft mich die traurige Nachricht vom Tode dieses hervorragenden Forschers, der der Wissenschaft im Alter von noch nicht 60 Jahren entrissen wurde.

noch die Rayleighsche Formel (6) gilt, und betraf die 8 Isochromaten: $\lambda = 4{,}002\,\mu$; $\lambda = 4{,}990\,\mu$; $\lambda = 6{,}992\,\mu$; $\lambda = 8{,}944\,\mu$; $\lambda = 12{,}04\,\mu$; $\lambda = 16{,}05\,\mu$; $\lambda = 22{,}3\,\mu$ (Reststrahlen von Flußspat) und $\lambda = 51{,}8\,\mu$ (Reststrahlen von Steinsalz). Von den acht sich auf diese Weise ergebenden Untersuchungsreihen teilen wir hier, um dem Leser ein eigenes Urteil zu ermöglichen, die erste mit.

Tabelle I. $\lambda = 4{,}002\,\mu = 0{,}0004002$ cm.

Cels.	T abs.	$x = \frac{\bar{c}}{\lambda T}$	$e^x - 1$	E beob.	$C = (e^x - 1) \cdot E$	δC
361	634	5,636	279,4	9,46	2646	— 11
459	732	4,881	130,8	20,33	2660	+ 3
563	836	4,274	70,89	37,95	2690	+ 33
659	932	3,834	45,24	58,34	2639	— 18
763	1036	3,449	30,47	87,00	2651	— 6
856	1129	3,165	22,69	116,50	2643	— 14
956	1229	2,907	17,31	154,27	2670	+ 13
1064	1337	2,673	13,48	197,44	2662	+ 5
1147	1420	2,516	11,38	232,49	2646	— 11
1258	1531	2,334	9,318	283,14	2639	— 18
1355	1628	2,195	7,979	335,30	2676	+ 19
				Mittel	2656	16,7

Die Konstante $\bar{c}$ bedeutet nach S. 28 $\bar{c} = \frac{hc}{k}$. Ihr Wert wurde nach früheren Bestimmungen zu 1,430 (abs.) angenommen, die für die Energie E beobachteten Werte sind den wirklichen Energiewerten nur proportional, sie enthalten noch einen unbestimmten Proportionalitätsfaktor. Nach der Planckschen Strahlungsformel muß für dieselbe Wellenlänge λ die Energie E dem Ausdruck $e^x - 1$ umgekehrt proportional, ihr Produkt $C = (e^x - 1) \cdot E$, das die folgende Spalte enthält, also konstant sein. Wie man sieht, ist dies überraschend gut bestätigt, die letzte Spalte enthält die sehr geringfügigen Abweichungen vom Mittelwert. Der mittlere Fehler beträgt danach nur etwa 0,63 %, ein in Anbetracht der Schwierigkeit der Beobachtung glänzendes Resultat. Für die anderen Wellenlängen, für deren Strahlungsenergien bis zu 23 verschiedene Temperaturen beobachtet waren, ergaben sich mittlere Fehler von 0,62%, 0,61%, 0,58%, 0,79%, 0,43%, 0,44% und 0,30%.

Nur 7 von 130 Einzelbeobachtungen wiesen einen Fehler von mehr als 1% auf. Und diese Resultate würden sich noch etwas weiter verbessern, wenn man für $\bar{c}$ nicht den aus andern Messungen entnommenen Wert 1,430, sondern den aus vorliegenden Zahlen unter der Voraussetzung der Gültigkeit des Planckschen Gesetzes errechneten Wert 1,426 annimmt. Hingegen können die Zahlen, da sie ja nur Proportionalitäten betreffen, zu einer Bestimmung der Konstanten h und k außerhalb ihrer Verbindung $\bar{c}$ nicht benutzt werden.

Man sagt nicht zuviel, wenn man die Rubenssche Arbeit eine glänzende Bestätigung von Plancks Formel nennt. Die von Nernst vorgeschlagene Abänderung wies erheblich größere Abweichungen auf, ganz abgesehen davon, daß sie auch nicht wie die Plancks aus einem allgemeinen theoretischen Gedankengang erwachsen, sondern vielmehr nur erfunden war, um Beobachtungen mathematisch wiederzugeben.

Unsere verhältnismäßig ausführliche Darstellung des Strahlungsproblems darf nicht zu der Auffassung verleiten, als ob die ausschließliche Bedeutung der Leistung Plancks darin bestände, eine sich gut bewährende Formel aufgestellt zu haben, wie deren die mathematische Physik Hunderte kennt. Das Wesentliche ist vielmehr der eigentümliche Gedankengang, der ihn zu dieser Formel führte, und dessen springender Punkt waren eben die „Quanten", d. h. die Vorstellung, daß die strahlende Energie atomistisch geteilt sei, daß aber diese Energiepartikel nicht etwa untereinander gleich seien, sondern nach (8) (S. 23) der Schwingungszahl proportional. Das entscheidend Wichtige dieses Gedankengangs wird durch folgende Überlegung noch stärker betont: Ein Übergang von der Planckschen zur älteren, stetigen Auffassung ergibt sich dadurch, daß man sich die Quanten kleiner und kleiner werdend denkt, was durch allmähliches Verschwinden der bei Planck zwar kleinen, aber doch endlichen Größe h erreicht wird. Vollzieht man diesen Übergang, so wird Plancks Formel (12) zunächst unbestimmt, alsdann jedoch geht sie nach bekannten Regeln der Differentialrechnung unter Berücksichtigung der Definition von $\bar{c}$ (S. 28) über in

$$\mathfrak{K}_\lambda = \frac{c^2\lambda^{-5}}{\frac{c}{\lambda k T}} = \frac{c^2\lambda^{-4}T}{\frac{c}{k}} = \frac{hc^2}{\bar{c}}\lambda^{-4}T. \qquad (6')$$

Dies ist die Rayleighsche Strahlungsformel, die in der Tat unter der Voraussetzung einer stetigen Strahlung abgeleitet ist, aber, wie wir wissen, sich nur für lange Welle oder langsame Schwingungen bewährt. Hier tritt also der Einfluß der Quantelung der Energie zurück. Aber die ungeheure Überlegenheit der Planckschen Formel über die Rayleighsche zeigt unwiderleglich den Sieg der diskreten Auffassung der Energie über die stetige.

Freilich ist der Sieg der Quantentheorie nicht restlos. Die Maxwellsche Auffassung der Strahlung ist auf Differentialgleichungen basiert, die ihrer ganzen Natur nach eine stetige Auffassung voraussetzen.[1]) Die alte Maxwellsche Theorie ist aber auch heutzutage nicht entbehrlich. Alle Vorgänge, die nur mit der Strahlung als solcher, ihrer Ausbreitung im Raum, ihrer Spiegelung, Brechung, Interferenz usw. zu tun haben, werden auch jetzt noch in der alten stetigen Weise behandelt. Nur die Wechselwirkung zwischen Strahlung und Atomen unterliegt den Quantengesetzen. Aber die Grenzen sind strittig. Daß die Emission, die Aussendung von Strahlen durch Atome unstetig geschieht, kann als gesicherter Besitz der Wissenschaft gelten. Fraglich ist es schon für die Absorption, die Strahlungsaufnahme durch Atome, und ganz unwahrscheinlich wird der Einfluß der Quanten für die von Materie nicht beeinflußte Strahlung. Ein höherer Gesichtspunkt aber, aus dem sich die Quantentheorie einerseits, die Maxwellsche Theorie andrerseits ableiten ließe, fehlt zur Zeit völlig; dieser Zustand wird denn auch allgemein als unbefriedigend empfunden.

Andrerseits reichen die Erfolge der Quantentheorie weit über das ursprüngliche Strahlungsproblem hinaus. Die ganze Welt des Atomismus ist von ihr beherrscht. Freilich können wir bei dem engen Raum, der uns zur Verfügung steht, nur einen kleinen Ausschnitt dieser Anwendungen bringen. Wir beschränken uns auf die interessanteste von ihnen, deren Besprechung sich zudem auch wegen des Zusammenhangs unseres Bändchens mit der Atomtheorie empfiehlt: den Einfluß der Quantentheorie auf unsere Anschauungen vom inneren Aufbau des Atoms.

---

1) Diese Frage des Gegensatzes der Methode der Infinitesimalrechnung mit ihrer stetigen Naturauffassung und der Atomistik hatte schon Boltzmann beschäftigt.

7. ANWENDUNGEN AUF ATOMTHEORIE

a) Das Bohrsche Atommodell. Wir verließen die Atomtheorie am Schluß des vorigen Bändchens in einer peinlichen Verlegenheit: die ganze Fülle der radioaktiven Erscheinungen, insbesondere die glänzend bewährte, zu einem Verständnis des experimentellen Befundes geradezu unentbehrliche *Rutherfordsche Zerfallstheorie* drängt nicht nur auf ein aus elektrischen Ladungen zusammengesetztes, sondern auch auf ein dynamisches, lebhafte Rotationsbewegungen bergendes Atommodell hin. Ein solches erschien aber nach der Maxwellschen Theorie, bei der Rotationsbewegungen elektrischer Ladungen notwendig mit Strahlungserscheinungen und Energieverlust verbunden sind, durchaus unmöglich, weil es die erste und wichtigste Existenzbedingung, nämlich die Stabilität nicht erfüllte.

Diese außerordentliche Schwierigkeit wurde im Jahre 1911 durch den noch jugendlichen dänischen Physiker Niels Bohr behoben. Er nahm wie Rutherford an, daß das Atom aus einem positiv geladenen Kern und einer Anzahl ihn in schnellem Umlauf umkreisender, negativ geladener Elektronen bestehe, aber er machte außerdem noch folgende, auf den ersten Augenblick willkürlich erscheinende Annahmen, deren Aufstellung für die Atomtheorie und zugleich für die Quantentheorie eine neue Epoche ganz ungeahnter Fruchtbarkeit einleitete:

1. Bohr nimmt an, daß zwar im allgemeinen, der Maxwellschen Theorie entsprechend, ein Umlauf der Elektronen ohne Strahlung unmöglich sei, daß es aber doch ganz bestimmte, diskrete ausgezeichnete Bahnen gäbe, bei denen keine Strahlung stattfinde, so daß in diesen Fällen die im Atom vereinigte Energie sich nicht in Strahlungsenergie zerstreue. Die Bedingung für sie lautet:

In den ausgezeichneten Bahnen muß das Produkt von Elektronenmasse mal Geschwindigkeit mal Peripherie des Umlaufwegs ein ganzzahliges Vielfaches der Planckschen Größe h sein.

Man beachte dabei, daß die Dimension des Planckschen Wirkungsquantums „Energie mal Zeit" oder Masse mal Geschwindigkeit mal Weg ist (S. 23), daß also, falls man das

Plancksche Energiequantum hereinbringen will, sich keine einfachere mit den Dimensionsbedingungen verträgliche Festsetzung finden läßt als die angegebene. Die Heranziehung des Planckschen Wirkungsquantums erschien deshalb geboten, weil die Plancksche Theorie einen gewissen Widerspruch gegen die Maxwellsche Theorie enthielt, an der jetzt auch das Atommodell zu scheitern drohte, außerdem aber auch die durch die Erfahrung sichergestellte lediglich endliche Anzahl verschiedener Atome die Annahme diskreter Existenzbedingungen nötig machte.

2. Bohr nahm weiter an, daß der Übergang eines Elektrons von einer Quantenbahn zur andern zwar möglich sei, daß aber *hierbei Strahlung eintrete, deren Schwingungsfrequenz durch die Gleichung*

$$\nu = \frac{\epsilon}{h} \quad ((8)\ \text{S. } 23)$$

gegeben sei, wo ϵ die Energiedifferenz zwischen der verlassenen und der eingeschlagenen Quantenbahn bedeutet. Für die Anschaulichkeit macht es große Schwierigkeiten, sich vorzustellen, daß die Schwingungsfrequenz gar nichts mit der Umlaufsfrequenz des Elektrons zu tun hat, sondern ausschließlich durch die Quantenbedingung (8) bestimmt ist. Doch ist diese Festsetzung die einzige, die mit dem Geist der Quantentheorie verträglich ist.

Die zweite Bohrsche Bedingung ergab die wichtigsten, wenn auch nicht die einzigen Möglichkeiten, die Theorie experimentell zu bestätigen. Die erste Bedingung aber wurde dadurch besonders wertvoll, daß sie die Vorstellungen über den inneren Aufbau des Atoms bis zu einem früher ungeahnten Grade zu präzisieren erlaubte. Jedes stabil den Kern umlaufende Elektron muß zwei Gleichungen genügen, einmal der *„klassischen"*, die die Gleichheit der aus dem Coulombschen Gesetz folgenden Anziehung zwischen positivem Kern und negativem Elektron und der Zentrifugalkraft ausspricht, und die in ganz identischer Weise für den Planetenumlauf gilt, wo natürlich das Newtonsche Attraktionsgesetz die Stelle des Coulombschen einnimmt; und zweitens muß es die besprochene *Quantenbedingung* erfüllen, die aus den nach der ersten Bedingung möglichen unendlich zahlreichen Bahnen nur eine endliche (praktisch sehr begrenzte) Anzahl übrig läßt. Die beiden Gleichungen lauten:

$$\frac{eE}{a^2} = \frac{\mu v^2}{a}, \tag{15}$$

$$\mu \cdot v \cdot 2\pi a = n \cdot h. \tag{16}$$

Hier bedeutet:
- e die negative Ladung des Elektrons,
- E die positive Kernladung,
- μ die Masse des Elektrons,
- a den Bahnradius unter vorläufiger Voraussetzung kreisförmiger Bahn,
- v die Umlaufsgeschwindigkeit,
- n die sog. Quantenzahl, die stets ganz sein muß.

Die Kernladung E ist an sich stets ein ganzzahliges Vielfaches der Elektronenladung e, also $E = ze$ (absolut genommen), wo z die Atomnummer bedeutet (vgl. Atomth. S. 41). Nun unterliegt freilich das Elektron nicht nur der positiven Kernladung, sondern auch der negativen Ladung der andern Elektronen, abgesehen natürlich von dem Fall, wo nur ein einziges Elektron anwesend ist. Wir unterscheiden demnach die „wahre“ Kernladung ze von der „wirksamen“ $z'e$, wo $z > z'$. Setzen wir $E = z'e$ in (15) ein, so liefern (15) und (16) sofort

$$v = \frac{2\pi e^2 z'}{nh} \tag{17}$$

und durch Einsetzen in (16)

$$a = \frac{n^2 h^2}{\mu 4\pi^2 e^2 \cdot z'}. \tag{18}$$

Führen wir schließlich noch die Winkelgeschwindigkeit ω durch $\omega = \frac{v}{a}$ ein, so ist

$$\omega = \frac{8\pi^3 e^4 z'^2 \mu}{n^3 h^3}. \tag{19}$$

Hiermit aber sind die für den Atombau wichtigsten Größen a, v und ω auf die physikalischen Grundkonstanten e, μ und h zurückgeführt. Das elektrische Elementarquantum e ergibt sich aus Millikans Versuchen (Atomtheorie S. 27), μ, die Masse des Elektrons, ergibt sich aus den Ablenkungsversuchen der Kathodenstrahlen (Atomth. S. 29), und von der Bestimmung von h war oben die Rede. Setzen wir in absolutem Maß $e = 4{,}77 \cdot 10^{-10}$, $\mu = \frac{1}{1845}$ Wasserstoffatom $= \frac{1}{1845} \cdot \frac{1}{L}$ (L = Loschmidtsche Zahl; Atomtheorie S. 19) $= \frac{1}{1845 \cdot 60{,}6} \cdot 10^{-22}$ und $h = 6{,}55 \cdot 10^{-27}$, so erhalten wir aus (17), (18), (19)

$$v_n = \frac{z'}{n} \cdot 2{,}187 \cdot 10^8 \cdot \frac{\text{cm}}{\text{sec}} = \frac{z'}{n} \cdot 2187 \, \frac{\text{km}}{\text{sec}}, \qquad (17')$$

$$a_n = \frac{n^2}{z'} \cdot 5{,}33 \cdot 10^{-9} \text{ cm}, \qquad (18')$$

$$\frac{\omega_n}{2\pi} = \frac{z'^2}{n^3} \cdot 6{,}53 \cdot 10^{15} \frac{1}{\text{sec}} \text{ (Zahl der Umläufe)} \qquad (19')$$

Für Wasserstoff ist $z' = 1$. Für die innerste mögliche Quantenbahn ist $n = 1$. Hier ergibt sich also eine Geschwindigkeit von 2187 km in der Sekunde, Atomdurchmesser von ein Zehnmilliontel Millimeter und über 6000 Billionen Umläufe in der Sekunde. Die Zahlen für höhere Kernladungen z' und für höhere Quantenbahnen n ergeben sich danach leicht.

Wir haben uns also das Atom so vorzustellen, daß sich in seiner Mitte der positive Kern befindet, dessen „wahre" Ladung z mit der Atomnummer identisch ist, beim Fortschreiten zur folgenden Stelle im periodischen System also um 1 steigt. Ihn umkreisen die z Elektronen auf verschiedenen Bahnen. Die periodische Wiederkehr der chemischen sowie auch vieler physikalischer Eigenschaften der Elemente läßt sich nun gleichfalls erklären: Wir können uns nämlich vorstellen, daß mehrere Elektronen vom gleichen Bahnradius a_n sich zu einem Ring oder einer Schale zusammenschließen und gegenseitig binden. Auf den außerhalb des letzten geschlossenen Ringes befindlichen Elektronen beruhen die chemischen Eigenschaften, und diese werden sich also dann wiederholen, wenn nach Bildung eines neuen Ringes die Anzahl der äußersten Elektronen wieder die gleiche geworden ist. Diese insbesondere von Kossel näher ausgebildete Theorie hat sich durch ein so großes Tatsachenmaterial bewährt, daß man an ihrer grundsätzlichen Richtigkeit nicht zweifeln kann. Im einzelnen freilich bleibt noch vieles ungeklärt. Um nur einen Punkt herauszugreifen: das Helium muß entsprechend seiner Atomnummer 2 außerhalb des Kerns zwei Elektronen besitzen. Diese kommen aber sonst nur chemisch höchst aktiven Elementen zu, so daß die chemisch indolente Natur dieses Edelgases schwer verständlich ist. Trotz dieser und ähnlicher Schwierigkeiten brauchen wir nicht daran zu zweifeln, daß es uns bald möglich sein wird, bis zu einem gewissen Grade die Eigenschaften eines Elementes aus dem Bau seines Atoms zu begründen, so daß wir die Elemente keineswegs mehr als letzte, schlechthin als gegeben zu betrachtende Individuen anzusehen brauchen.

b) Die optischen Spektren. Fraunhofer war der erste, der die nach ihm benannten Linien des Spektrums dazu benutzte, die Brechbarkeit verschiedener Glassorten für wohl-

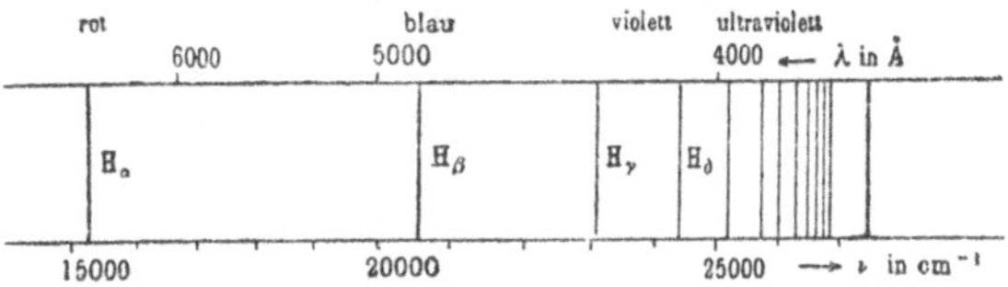

Fig. 6.

definierte Farben festzulegen. Kirchhoff und Bunsen benutzten die Linien zur chemischen Analyse. Seitdem wurden viele Tausende dieser Linien festgelegt und ihre Lage im Spektrum mit einer Genauigkeit bestimmt, die die der meisten andern physikalischen Messungen bedeutend übertrifft. Aber eine Theorie über ihre Lage ließ lange auf sich warten. Hier wurde der erste Erfolg im Jahre 1885 von dem Baseler Physiker Balmer erzielt, dem es gelang, eine Formel aufzustellen, die die Linien des Wasserstoffspektrums mit überraschender Genauigkeit wiedergab. Unsere Fig. 6 zeigt deutlich, wie die im sichtbaren Spektrum spärlichen Linien im Ultravioletten häufiger werden und dort gegen eine bestimmte, in der Figur stark ausgezogene Grenze zu konvergieren scheinen, indem sie dort, wie der Mathematiker sagt, eine „Häufungsstelle" besitzen. Balmer bemerkte zunächst, daß, wenn man diese Grenze mit H bezeichnet, sich die Wellenlängen der im sichtbaren Spektrum liegenden Linien als $\frac{9}{5}H$, $\frac{16}{12}H$, $\frac{25}{21}H$, $\frac{36}{32}H$ darstellen lassen. Im Zähler stehen die Quadratzahlen, im Nenner um 4 kleinere Zahlen. Die Balmersche Formel lautet:

$$\lambda = H \frac{m^2}{m^2 - n^2}, \qquad (20)$$

wo $\lambda = 3645{,}6$ Å (Å $= 10^{-8}$ cm), $m = 3, 4, 5 \ldots$ und $n = 2$. Höhere Werte für m ergaben die im ultravioletten Gebiet liegenden Linien, und zwar mit einer ganz überraschenden Genauigkeit, so daß Zweifel an der Richtigkeit der Formel nicht aufkommen konnten. Hingegen wurde von Balmer weder eine Ausdehnung auf die Spektren anderer Elemente noch auch eine theoretische Deutung versucht.

Dies gelang erst den Nachfolgern Balmers, dem Schweden Rydberg und dem Schweizer Ritz. Zwar sind die theoretischen Deutungsversuche des letzteren, leider der Wissenschaft viel zu früh entrissenen Physikers durch Bohr längst überholt und können hier übergangen werden. Um so wichtiger wurde die Verallgemeinerung der Balmerschen Formel, die nunmehr gelang.

Wenn wir nicht mit der Wellenlänge λ, sondern mit der Anzahl $\bar{\nu}$ der auf einen Zentimeter gehenden Wellen rechnen (wir schreiben $\bar{\nu}$ zum Unterschied von ν, welche Zahl die in einer Sekunde erfolgenden Wellen bedeutet; es ist also $\nu = c\bar{\nu}$), wobei natürlich $\bar{\nu} \cdot \lambda = 1$, so schreibt sich die obige Balmersche Formel

$$\bar{\nu} = \frac{1}{H}\left(\frac{m^2 - n^2}{m^2}\right) = \frac{1}{H}\left(\frac{1}{1^2} - \frac{2^2}{m^2}\right) = \frac{4}{H}\left(\frac{1}{2^2} - \frac{1}{m^2}\right), \quad (20')$$

und setzen wir noch $\frac{4}{H} = N$, so nimmt die Formel die Gestalt an

$$\bar{\nu} = N\left(\frac{1}{2^2} - \frac{1}{m^2}\right), \quad (21)$$

ähnlich lautet die Rydbergsche Verallgemeinerung dieser Formel:

$$\nu = N\left(\frac{1}{(m_1 + \mu_1)^2} - \frac{1}{(m_2 + \mu_2)^2}\right), \quad (22)$$

wobei μ_1 und μ_2 Konstanten bedeuten, die von Serie zu Serie und von Element zu Element andere Werte annehmen. Für die Balmerserie z. B. ist $m_1 = 2$; $\mu_1 = \mu_2 = 0$. Charakteristisch für diese Formel ist also die Differenz der reziproken Quadrate sowie die Konstante N, die eine universelle Naturkonstante, unabhängig von Element und Serie darstellt und etwa den Wert $N = 109700$ besitzt. Auf Grund dieser Formeln gelang es, Ordnung in die Spektra der Elemente zu bringen, nämlich in sehr zahlreichen Fällen die vorher unentwirrbare Menge von Spektrallinien zu Serien zusammenzuschließen. Einen besonderen Triumph feierte die Theorie dadurch, daß es mehrfach gelang, Serien vorauszusagen, deren Existenz die empirische Forschung erst später bestätigte. So sagte beispielsweise Ritz die Existenz einer im Ultraroten liegenden Wasserstoffserie von der Formel

$$\bar{\nu} = N\left(\frac{1}{3^2} - \frac{1}{m^2}\right)$$

voraus, die ein Jahr später auch wirklich gefunden wurde. Umgekehrt hatte Pickering bereits im Jahr 1896 auf astronomischen Wege eine Serie entdeckt, deren Formel sich nunmehr als

$$\bar{\nu} = N\left(\frac{1}{2^2} - \frac{1}{(\frac{1}{2} + m)^2}\right) \quad (m = 2, 3 \ldots) \qquad (23)$$

herausstellte und also der Rydbergschen Formel unterordnete. Besonders fruchtbar war das von Ritz aufgestellte Kombinationsprinzip, nach dem man durch Subtraktion zweier Glieder einer bekannten Serie voneinander neue Serien desselben Elements finden konnte.

Bei alledem stand die theoretische Ableitung der Serienformel noch völlig aus. Nach der Bohrschen Theorie mußte nun die Schwingungszahl ν sich aus der Gleichung (S. 23)

$$\epsilon = \nu \cdot h \qquad (8)$$

ergeben, in der ϵ die bei dem Schwingungsvorgang freiwerdende Energie und h die Plancksche Konstante bedeutete. Um die Energiedifferenz ϵ auszurechnen, müssen wir zunächst die Energie eines schwingenden Elektrons bestimmen. Sie setzt sich aus potentieller und kinetischer Energie zusammen, und zwar ist nach allgemeinen Grundsätzen der Mechanik die kinetische Energie gleich

$$\tfrac{1}{2}\mu v^2,$$

die potentielle Energie: $$-\frac{eE'}{a},$$

wobei unter $E' = z'e$ die wirksame Kernladung zu verstehen ist und das negative Vorzeichen sich dadurch erklärt, daß die Energie mit wachsendem Kernabstand a wachsen muß (weil gegen die anziehenden Kräfte des Kerns Arbeit geleistet werden muß, wenn das Elektron vom Kern entfernt werden soll). Wir erhalten also für die gesamte Energie W den Ausdruck

$$W = \frac{1}{2}\mu v^2 - \frac{e^2 z'}{a}, \tag{24}$$

was nach Einsetzen der sich aus (17) und (18) ergebenden Werte für v und a ergibt $W = -\frac{2\pi^2 e^4 z'^2 \mu}{n^2 h^2}$. Für die Schwingungszahl ν erhalten wir $\nu = \frac{W_n - W_s}{h}$, wo sich die Indizes n und s auf die Quantenbahnen beziehen, in denen das Elektron vor und nach dem Strahlungsvorgang umläuft. Die Ausrechnung ergibt

$$\nu = -\frac{2\pi^2 e^4 z'^2 \mu}{n^2 h^3} + \frac{2\pi^2 e^4 z'^2 \mu}{s^2 h^3} = \frac{2\pi^2 e^4 \mu}{h^3} z'^2 \left(\frac{1}{s^2} - \frac{1}{n^2}\right)$$

oder, wenn wir $N = \frac{2\pi^2 e^4 \mu}{h^3}$ setzen[1]):

$$\nu = N \cdot z'^2 \left(\frac{1}{s^2} - \frac{1}{n^2}\right). \tag{25}$$

Der nächste Erfolg der Bohrschen Theorie war also, daß sich die allgemeine Form der Serienformel, vor allem die Differenz der reziproken Quadrate ohne weiteres aus ihr ergab; noch wesentlicher aber war, daß sich die Rydbergsche Konstante N auf allgemeine Naturkonstanten, nämlich das elektrische Elementarquantum e, die Masse des Elektrons μ und die Plancksche Konstante h zurückführte, und die zahlenmäßige Übereinstimmung zwischen dem theoretisch errechneten und empirisch gefundenen Wert von N war ganz ausgezeichnet. Dies ist ein außerordentlich starkes Argument für die Richtigkeit der Bohrschen Theorie.

Auf die bisher so dunkle Welt der Spektrallinien fiel nun mit einem Male ein außerordentlich helles Licht. Rätsel, die jahrzehntelange Arbeit nicht wesentlich hatte fördern können, enthüllten sich nun Schlag auf Schlag. Wir erwähnen beispielsweise die merkwürdige Geschichte der Pickeringserie, die, wie schon oben erwähnt, empirisch schon lange vor Bohr gefunden war. Es war jedoch nicht gelungen, die nur in Sternspektren gefundenen Linien in physikalischen Laboratorien herzustellen. Aus der Bohrschen Theorie zeigte sich

1) Der gewöhnlich angegebene Zahlenwert von N ist $\frac{1}{c}$, da man mit $\bar{\nu}$ statt ν rechnet.

nun folgendes: der merkwürdige Bruch $\frac{1}{2}$ im Nenner der Formel (23) verschwindet, wenn man die Formel

$$\bar{\nu} = N \cdot 4 \left(\frac{1}{4^2} - \frac{1}{n^2}\right) \quad (n = 5, 6, 7 \ldots) \qquad (23')$$

schreibt. Der nun auftretende Faktor 4 vor der Klammer deutet auf $z'^2 = 4$, läßt also auf eine wahre Kernladung von $z' = 2$ schließen. Eine solche kann nur dem Helium zukommen. Es war also anzunehmen, daß die Linie nicht, wie man bisher geglaubt hatte, dem Wasserstoff, sondern vielmehr dem Helium angehörte. Allerdings zeigt gewöhnliches Helium die Linie nicht. Wenn man es aber ionisiert, d. h. durch geeignete Mittel wie z. B. hohe Temperatur, elektrischen Spannungszustand, niedrigen Druck, dafür sorgt, daß das Atom ein Elektron verliert, so ergibt sich in der Tat auch auf irdischem Wege die astronomisch längst bekannte Serie. Daß das Helium zur Erzeugung der Pickeringserie ionisiert sein muß, war deshalb zu erwarten, weil nur in diesem Fall die wirksame Kernladung z' gleich der wahren z und demnach gleich der Atomnummer sein kann, während beim nicht ionisierten Element das eine Elektron eine die Kernladung modifizierende Wirkung auf das andere ausüben muß.

Überhaupt bildeten die Spektra der ionisierten Elemente ein ganz besonderes und höchst merkwürdiges Kapitel der Forschung. Sobald ein Atom Elektronen verliert, ändert sich sein Spektrum durchaus, alte Linien verschwinden und neue treten dafür auf. Auf diesem Wege erklärt sich auch, daß die astronomisch gefundenen Serien mit den irdischen keineswegs übereinstimmen; denn insbesondere auf den Fixsternen sind Bedingungen, namentlich hohe Temperaturen verwirklicht, die wir auf irdischem Wege nicht herstellen können, und die folglich eine sonst unerreichbare Ionisation der Atome zur Folge haben. Es ist aber trotzdem durch genaue Verfolgung des Auftretens und Verschwindens dieser Linien in den Sternspektren gelungen, Aufschlüsse über die Temperatur und die sonstigen physikalischen Bedingungen der Fixsterne zu erhalten, die auf anderem Wege unzugänglich gewesen wären.

c) Röntgenspektren. Bekanntlich boten die im Jahre 1895 von Röntgen entdeckten *Röntgenstrahlen,* die durch Aufprallen von Kathodenstrahlen auf feste Körper entstehen, der physikalischen Untersuchung lange Zeit hindurch die größten Schwierigkeiten. Röntgen selbst neigte bei seiner Entdeckung der Ansicht zu, daß es sich bei der von ihm entdeckten Erscheinung um longitudinale Strahlen handele. Wenn nun auch diese Ansicht allmählich in den Hintergrund trat, weil Erscheinungen beobachtet wurden, die anscheinend eine Polarisation der Strahlen darstellten, was bei longitudinalen Strahlen natürlich ausgeschlossen wäre, so fehlte es andererseits doch nicht an Forschern, die eine körperliche Natur der Strahlen entsprechend den Kathodenstrahlen annahmen. Da gelang im Jahre 1912 Max v. Laue eine Entdeckung, die all diese Schwierigkeiten in der glänzendsten Weise löste und zugleich ein mächtiger Hebel für die Bohrsche Atomtheorie und folglich auch für die von dieser vorausgesetzte Quantentheorie werden sollte.

Die außerordentliche Schwierigkeit, an der lange Jahre hindurch die physikalische Untersuchung der Röntgenstrahlen gescheitert war, war die, daß hier das Hauptuntersuchungsmittel der gewöhnlichen Lichtstrahlen versagte. Dieses Untersuchungsmittel ist bekanntlich die Beugung. Geht Licht durch einen engen Spalt, so pflanzt es sich nicht nur geradlinig fort, sondern es wird daneben auch seitlich abgelenkt, indem durch Interferenz helle und dunkle Stellen auftreten, und da diese Erscheinung in verschiedenen Farben in ungleichem Ausmaße stattfindet, so erhalten wir eine Spektralzerlegung ähnlich der durch die Brechung in einem Prisma erzeugten nur in einer für die Untersuchung noch weit vollkommeneren Weise. Bekanntlich werden diese Beugungsspektra zur Bestimmung der Wellenlänge verwandt, und die Berechnung geschieht nach der Formel

$$\lambda = d \cdot \sin \alpha,$$

wo λ die Wellenlänge, d die Spalt- bzw. Gitterbreite und α den Ablenkungswinkel des ersten Beugungsmaximums bedeutet.

Die Untersuchung der Röntgenstrahlen auf diesem Wege war deshalb nicht möglich, weil ihre Wellenlänge so klein war, daß die Herstellung geeigneter Spalten auf künstlichem Wege nicht gelang. Über diese Schwierigkeit half der Gedanke v. Laues hinweg, der an die Stelle künstlicher Spalten ein natürliches System von Spalten, ein sogenanntes Gitter setzte, als welches er Kristalle benutzte. Dabei war zunächst folgende Schwierigkeit zu überwinden. Die bisherigen Gitter zeigten nur lineare oder flächenhafte Ausdehnung (ein Beispiel für letzteres ist jedes feinere Gewebe, durch das man bei hinreichender Feinheit Beugungserscheinungen sehr gut beobachten kann). Die Kristalle als eine regelmäßige Anordnung von Atomen im Raum stellen natürlich kein linear oder flächenhaft ausgebreitetes, sondern ein dreidimensionales Gitter dar, und es mußte zunächst für ein solches eine Theorie aufgestellt, also die Möglichkeit geschaffen werden, aus der zu beobachtenden Ablenkung der Strahlen ihre Wellenlängen zu berechnen. Es ist klar, daß hierbei die Gitterkonstante, d. h. der Abstand der Atome im Raum, als bekannt vorausgesetzt werden mußte; denn auch bei der gewöhnlichen Beugungstheorie kann natürlich die Wellenlänge nur bestimmt werden, wenn die Gitterkonstante bekannt ist. Man sieht nun leicht, daß sich die ihr entsprechende gegenseitige Entfernung der Atome im Raum ohne Schwierigkeit berechnen läßt, wenn die Anzahl der auf die Raumeinheit beispielsweise 1 ccm gehenden Atome bekannt ist. Diese ergibt sich, da das Gewicht eines ccm des betreffenden Kristalls leicht bestimmt werden kann, ohne weiteres, wenn die Anzahl der auf 1 g gehenden Atome, d. h. die sogenannte Loschmidtsche Zahl, bekannt ist. *Diese merkwürdige von uns schon öfter erwähnte Größe* (vgl. Atomtheorie S. 19) *ist also das Fundament der ganzen Laueschen Lehre von den Röntgen-Interferenzen.*

Unsere Fig. 7 gibt die Lauesche Versuchsanord-

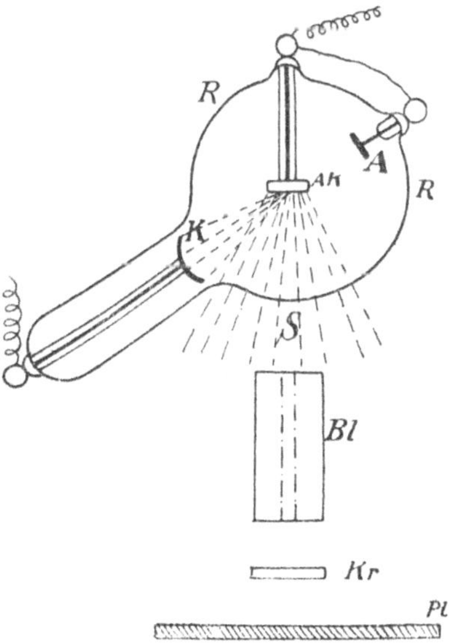

Fig. 7.

nung wieder. Es bedeutet *R* die Röntgenröhre, *K* die Kathode, *AK* die Antikathode, an der die Kathodenstrahlen in Röntgenstrahlen verwandelt werden, *S* die entstehenden Röntgenstrahlen, *Bl* einen Bleiblock, durch den die größte Masse der Strahlen abgeblendet und nur ein feiner Strahl durchgelassen

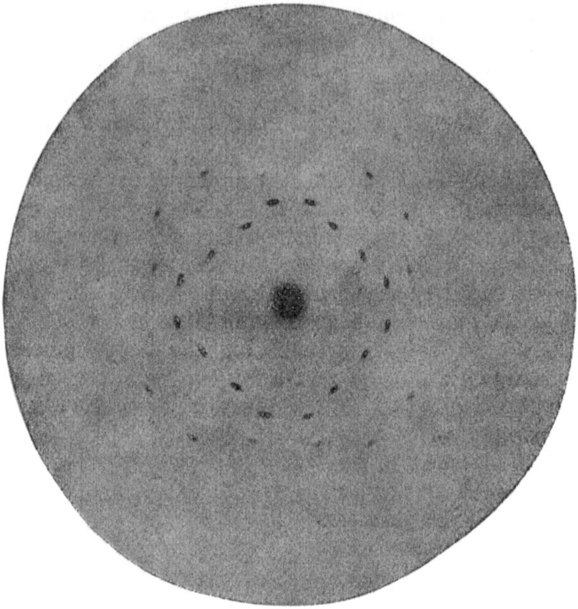

Fig. 8.

wird, *Kr* den Kristall und *Pl* die photographische Platte. Einige weitere Schutzvorrichtungen sind in der Figur weggelassen. Unsere Fig. 8 zeigt eine der ersten der berühmten Aufnahmen Laues. Sie gibt durch ihre Regelmäßigkeit sofort einen überzeugenden Eindruck von der Richtigkeit der Theorie der Beugung durch das Kristallgitter sowie überhaupt von der Gesetzmäßigkeit des inneren Baues des Kristalls. Als solcher hatte hierbei Zinkblende gedient; in der Zwischenzeit sind Lauediagramme von einer sehr großen Zahl von Kristallen aufgenommen und gemessen worden, so daß sich hier schon ein besonderer Zweig der Kristallographie gebildet hat. Die Methode wurde gleich wichtig für die Untersuchung des inneren Baues der Kristalle einerseits, der Natur der Röntgenstrahlen andererseits. Wir müssen uns indessen aus Raumrücksichten aufs engste auf die Darlegung der Bestätigung beschränken, die von hier aus die Bohrsche Atomtheorie erfuhr.

Von diesem Standpunkte aus hatte die ursprüngliche Lauesche Versuchsanordnung einen Mangel; während nämlich ein ebenes Gitter Wellen aller Längen durchläßt und auf diese Weise ohne weiteres ein Spektrum entwirft, zeigte die Theorie, daß die Raumgitter Interferenz nur für eine bestimmte Wellenlänge zuließen. Dies zeigt auch die Figur, aus der nur der Rückschluß auf eine bestimmte Wellenlänge möglich ist.

Die Beseitigung dieses Mangels gelang auf überraschend einfachem Wege. Laue hat durch den Kristall durchfallende Strahlen beobachtet; man kann jedoch auch den Kristall wie einen Spiegel betrachten und die von ihm reflektierten Strahlen auf die photographische Platte fallen lassen. Hierbei zeigt sich, daß die Wellenlänge der Strahlen, deren Interferenz bei gegebenem Kristall möglich ist, nicht nur von der Natur dieses Kristalls abhängt, sondern auch von dem Reflexionswinkel, unter dem sie auftreffen und durchgeworfen werden. Dies erscheint ohne weiteres verständlich, wenn wir bedenken, daß der Strahl die Atome im Kristall in verschiedenem Abstand antreffen wird, je nachdem, unter welchem Winkel er auftrifft. *Dreht man nun den Kristall während der Aufnahme, so treffen die Röntgenstrahlen unter allen möglichen Winkeln auf, man erhält* innerhalb bestimmter Grenzen von jeder möglichen Wellenlänge ein Interferenzbild und demnach, wenn man an Stelle der photographischen Platte einen längeren Film benutzt, *ein Spektrum.* Die Untersuchung der Röntgenspektren war zuerst mit noch primitiven Mitteln von dem jungen, als Opfer des Weltkrieges auf Gallipoli gefallenen englischen Physiker Moseley in Angriff genommen worden, war alsdann von den beiden Bragg (*Vater und Sohn*), die auch den Drehkristall eingeführt hatten, weiter fortgeführt worden und ist namentlich durch den schwedischen Physiker Siegbahn und dessen Mitarbeiter zu ganz erstaunlicher Vollkommenheit gebracht worden. Ihr nächstes Ergebnis war, daß jede Röntgenstrahlung aus zwei verschiedenen Arten von Strahlen besteht. Sie zeigt zunächst einen Untergrund von Strahlen stetig ineinander übergehender Wellenlängen, daneben jedoch viel intensivere Strahlen von scharf bestimmten Wellenlängen, die sog. Eigenstrahlung. Diese letztere, die wesentlich vom Material der benutzten Antikathode abhängt, ist es, die uns hier vor allem interessiert.

Die Fig. 9 gibt einen ersten Überblick der erhaltenen Resultate. Es bedeuten in ihr die Abszissen die Wellenlängen, die in sogenannten Ångströmeinheiten, von denen Einhun-

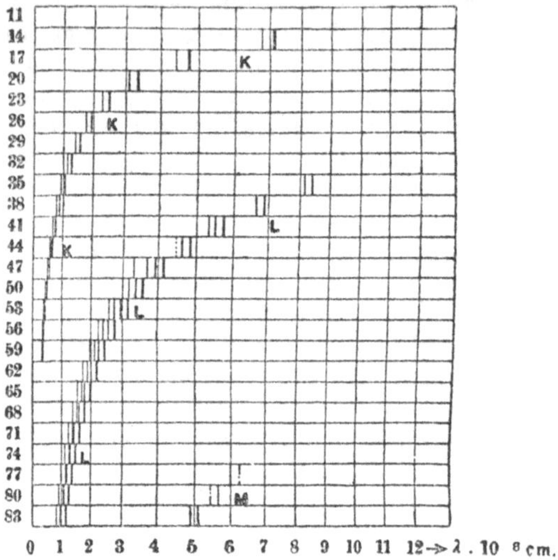

Fig. 9.

dertmillion auf einen Zentimeter gehen, gemessen sind, während die Ordinaten die Atomnummern der betreffenden Elemente darstellen. Auf den ersten Blick lehrt die Figur zweierlei, nämlich erstens: die Zuordnung der Linien der einzelnen Elemente zu Serien, die, wie wir oben sahen, bei den sogenannten optischen Spektren nur nach Überwindung großer Schwierigkeiten gelang, ergibt sich hier ganz von selbst. *Man unterscheidet eine K-, L- und M-Serie.* Zweitens: von irgendwelcher an das periodische System erinnernden Periodizität ist hier nicht entfernt die Rede. Die Spektren schreiten vielmehr stetig mit der Atomnummer fort. Auch innerhalb verschiedener Elemente weist der Bau der Serien große Analogien auf, so daß man dieselbe Linie in den Serien verschiedener Elemente weiterverfolgen kann. Es wird unsere

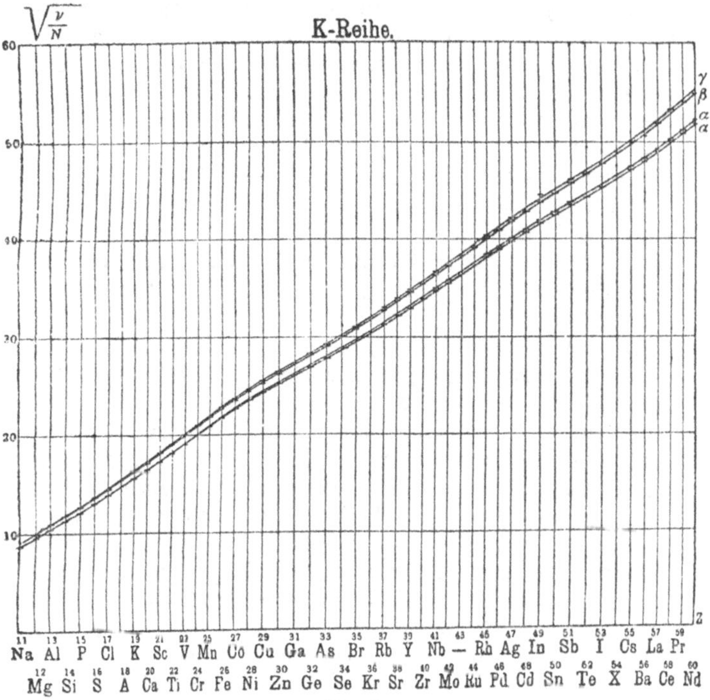

Fig. 10.

nächste Aufgabe sein, diese Verhältnisse aus der Bohrschen Theorie abzuleiten. Wenn wir in unserer Rydbergschen und von Bohr bestätigten Formel

$$\nu = N z'^2 \left(\frac{1}{s^2} - \frac{1}{n^2}\right) \quad \text{(S. 42)} \qquad (25)$$

die entsprechende Linie zu verschiedenen Elementen betrachten, so müssen wir, um wirklich entsprechende Serien und innerhalb derselben entsprechende Linien zu erhalten, s und n konstant setzen. Wir erhalten alsdann:

$$\sqrt{\frac{\nu}{N}} = z' \sqrt{\frac{1}{s^2} - \frac{1}{n^2}}, \qquad (25')$$

d. h. die Quadratwurzel aus der Schwingungszahl ist der wirksamen Kernladung proportional. Nun ist freilich diese wirksame Kernladung z' nicht bekannt, weil wir die Anordnung der Elektronen im Atom nur annähernd kennen. Bekannt ist uns hingegen die wahre Kernladung z, die mit der Atomnummer übereinstimmt. Die Fig. 10 zeigt die Abhängigkeit der Schwingungszahl von der Atomnummer; sie ergibt in der Tat fast genau eine gerade Linie als Bild der Proportionalität zwischen der Wurzel aus der Schwingungszahl und der Kernladung. Die geringe Abweichung von der geraden Linie sowie auch der Umstand, daß sie nicht durch den Anfangspunkt der Zählung hindurchgeht, erklären sich zwanglos aus dem Unterschied der wahren und wirksamen Kernladung.

Die verschiedenen Serien eines Elementes erklären sich aus den verschiedenen Quantenbahnen der Elektronen. Man unterscheidet demgemäß entsprechend der *K*-, *L*- und *M*-Serie einen *K*-, *L*- und *M*-Ring von Elektronen um den Kern. Gelangt ein Elektron aus einem äußeren Ring in den *K*-Ring, so emittiert es eine der Energiedifferenz beider Bahnen entsprechende Strahlung, die der *K*-Serie angehört, und entsprechend, wenn es in den *L*- oder *M*-Ring gelangt. Da ein Elektron aus verschiedenen äußeren Ringen in denselben Innenring gelangen kann, so erhält man ohne weiteres, daß jede Serie eines Elements mehrere Linien zeigen muß. Nun ist freilich die Anzahl der Linien noch größer, als es sich hiernach ergibt. Insbesondere zeigt unsere Fig. 11, die nach Siegbahn einige Röntgenspektren der *K*-Serie wiederbringt, daß in allen Elementen sehr nahe beieinander liegende Linien, sogenannte Dubletten auftreten; auch dreifache Linien, sogenannte Tripletten, sind bekannt, und ähnliche Beobachtungen werden auch bei den optischen Spektren gemacht; ja, bei genauerer Beobachtung lösen sich manche Linien in eine Mehrzahl von Linien auf, sie zeigen eine sogenannte Feinstruktur. Die Aufklärung all dieser Tatsachen gelang namentlich Sommerfeld in überraschender Weise. Bohr hatte kreisförmige Elektronenbahnen und eine unveränderliche Masse des Elektrons angenommen, aber wie die Planeten nicht in Kreisen, sondern in Ellipsen um die Sonne laufen, wobei sie in Sonnennähe größere Geschwindigkeit besitzen als in Sonnenferne, so nahm Sommerfeld ein gleiches für die Elektronenbahnen an. Um die quantentheoretisch möglichen, d. h. strahlungsfreien Elektronenbahnen auszusondern, erweiterte er in passender Weise den ursprünglich Bohr-

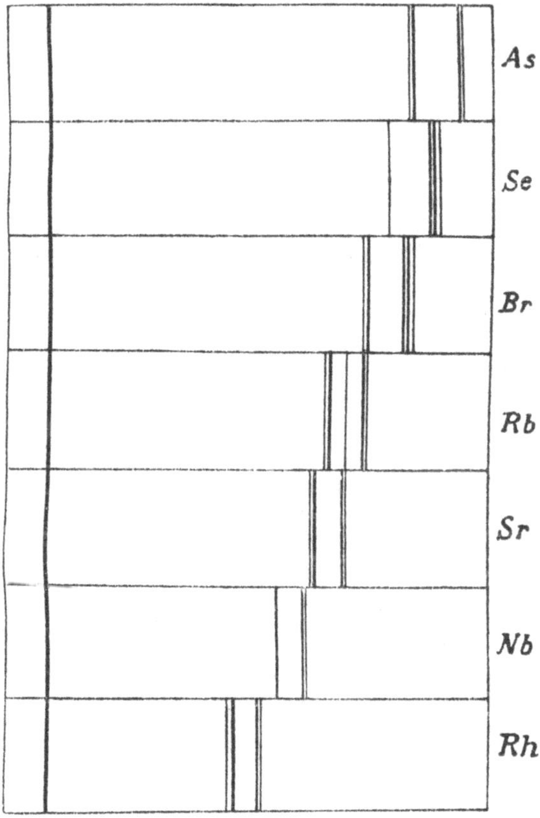

Fig. 11.

schen Ansatz; dabei mußte die Geschwindigkeit der Elektronen sich beim Umlauf ändern, hiernach, nach den Grundanschauungen der *Relativitätstheorie*, auch ihre Masse, und durch Weiterverfolgung dieser Gedankengänge gelang es ihm, die Feinstruktur der Spektrallinien in durchaus befriedigender Weise aufzuklären. So hat gerade die durch Sommerfeld erfolgte Einbeziehung der Relativitätstheorie nicht wenig zur Aufhellung der Tatsachen der Spektroskopie, der optischen sowohl wie der Röntgenspektroskopie, und somit überhaupt zu den Erfolgen der Atom- und Quantentheorie beigetragen. Die Untersuchung aller dieser Dinge ist in den letzten Jahren mächtig gefördert worden, man kann auch die Röntgenstrahlen bereits bis zu sehr viel kürzeren Wellenlängen verfolgen, als unsere auf älteren Untersuchungen fußende Figur erkennen läßt. Freilich gibt es noch viele Fragen, auf die wir vorläufig keine Antwort wissen. Insbesondere ist uns das Wesen des Kerns der Atome noch recht dunkel. Wir wissen insbesondere aus den Ablenkungen der Alphastrahlen (vgl. Atomtheorie Fig. 5 S. 46), daß seine Größe außerordentlich winzig ist. Ihre obere Grenze beträgt etwa 10^{-13} cm, also ein Billiontel Millimeter; sie kann jedoch, da es sich nur um eine obere Grenze handelt, noch außerordentlich viel kleiner sein. Daß der Kern ein zusammengesetztes Gebilde ist und in seinem Innern elektrisch negative Elektronen und elektrisch positive kleinere Kerne birgt, wissen wir aus den radioaktiven Zerfallserscheinungen. Aber warum der Kern, dessen überwiegend positive Ladung von den Elektronen nur zum kleineren Teil neutralisiert ist, überhaupt zusammenhält und welcher Art die jedenfalls ungeheuer große, bei radioaktiven Erscheinungen nur zum kleineren Teil freiwerdende Kernenergie ist, das alles sind Fragen, deren Lösungen der Zukunft vorbehalten bleiben.[1])

1) Nach dem Gesamtplan unserer Schrift stand leider für die Fragen der Spektroskopie nur ein sehr beschränkter Raum zur Verfügung; ich möchte auf mein schon im Vorwort angeführtes Buch „Die Entwickelung der Atomtheorie“ verweisen (C.F. Müller, Karlsruhe 1922).

Quellenangabe.

Fig. 1 u. 5 ist dem Werke Valentiner, Grundlagen der Quantentheorie (Vieweg), Samml. View. H. 15, S. 12 bzw. 44,
Fig. 2 der Phys. Zeitschr. (Hirzel) 22 (1921) S. 570,
Fig. 3 u. 4 den Verh. d. Deutsch. Phys. Ges. 1899 S. 34 bzw. 1900 S. 170,
Fig. 6–11 dem Werke Kirchberger, Atomtheorie (C. F. Müllersche Hofbuchhandlung) S. 210 bzw. 172, 173, 177, 225, 223 entnommen.

GPSR Compliance

The European Union's (EU) General Product Safety Regulation (GPSR) is a set of rules that requires consumer products to be safe and our obligations to ensure this.

If you have any concerns about our products, you can contact us on ProductSafety@springernature.com

In case Publisher is established outside the EU, the EU authorized representative is:

Springer Nature Customer Service Center GmbH
Europaplatz 3
69115 Heidelberg, Germany

Batch number: 10577915

Printed by Printforce, the Netherlands